피부 건강과
스마트 식생활

피부 건강과
스마트 식생활

조윤희·김건표 지음

청아출판사

피부는 건강과 아름다움을 나타내는 우리 몸의 주요 기관입니다. 경제 수준과 삶의 질이 향상되면서 피부에 대한 관심도 날로 높아지고 있습니다. 이에 따라 피부의 건강과 아름다움 유지를 위한 다양한 제품의 수요가 증가하고 있습니다. 특히 피부 건강을 위해서는 식품 섭취를 통하여 우리 몸에 충분한 영양을 공급해 주어야 한다는 이너 뷰티(inner beauty) 개념이 확대되면서 특정 영양소나 식품 성분을 이용한 먹는 화장품 및 건강기능식품의 소재 개발이 활발하게 이루어지고 있습니다. 그러나 피부 건강의 개념을 비롯하여 피부 건강 유지를 위한 영양소의 기능 및 식품 소재의 효능에 대한 이해는 여전히 피부과학이나 아우터 뷰티(outer beauty) 위주의 피부미용학, 화장품학 그리고 우리 몸의 다른 기관에서의 영양소 기능에 준하여 이루어지고 있는 실정입니다.

이 책에서는 지난 30여 년간 피부와 영양 그리고 식품에 대해 연구한 결과를 바탕으로 여러 영양소의 피부 대사와 관련하여 피부 건강의 개념을 정립하였습니다. 또한 건강한 피부를 위한 차별화된 영양소의 기능과 식품 소재의 효능 관련 기전에 대한 이해를 높이고자 하였습니다. 이 책은 네 파트로 구성되는데, 1부에서는 피부 건강의 개

넘을 비롯하여 피부의 구조, 기능, 대사, 노화에 관한 기본 지식에 대한 이해도를 높이고자 하였습니다. 2부에서는 피부와 관련된 영양소의 차별화된 기능을, 3부에서는 피부 질환과 관련 있는 영양소와 식품 및 피부 건강 유지에 필요한 식습관을, 4부에서는 피부 건강의 기능성 인가를 받은 건강기능식품 원료들의 효능 및 기전에 대한 연구 보고를 다루고 있습니다.

이 책은 식품영양학 또는 피부미용학 분야의 학우들이 피부와 영양 및 식품에 대해 폭넓게 이해하고 연구하는 계기가 되기를 바라는 간절함으로 집필하였습니다. 또한 피부 건강에 관심이 많은 일반 독자와 이너 뷰티 및 아우터 뷰티의 소재를 개발하는 식품 업체, 화장품 및 생활 건강 산업체 관련자 여러분에게도 실제적인 도움이 되었으면 합니다.

이 책이 세상에 나올 수 있도록 애써 준 김건표 박사를 비롯한 제자들에게 감사를, 그리고 하고 싶은 일을 할 수 있도록 한없이 큰마음으로 응원해 주신 아버지께 이 책을 드립니다.

2023년 1월

대표 저자 조윤희

2부
피부와 영양소

1부

피부에 대한 이해

피부는 외부의 여러 위험 요소로부터 인체를 보호하고 체온 조절, 수분 및 전해질 균형 유지, 자극 감지 등 다양한 기능을 할 뿐만 아니라 건강과 아름다움을 나타내는 우리 몸의 주요 기관이다. 경제 수준 및 삶의 질 향상에 따라 피부 건강과 아름다움에 대한 관심이 고조되고 있다. 특히 피부 건강은 식품 섭취 및 영양소 공급과 밀접한 관련이 있다는 이너 뷰티(inner beauty) 개념이 확대됨에 따라 피부 건강을 위한 영양소의 기능 연구와 다양한 기능성 식품 원료 개발에 대한 요구가 증대하고 있다.

1부에서는 피부의 구조 및 기능, 피부의 대사, 피부 건강의 개념, 피부 노화 등을 살펴보며 피부에 대한 기본적인 이해도를 높이고자 한다.

1장.
피부의 구조 및 기능

- 피부의 구조: 표피, 진피, 피하지방층
- 표피층의 세포
- 진피층의 세포와 구조물
- 피하지방층의 지방세포
- 피부의 기능

피부의 구조
표피, 진피, 피하지방층

　우리 몸을 감싸고 있는 피부의 무게는 체중의 약 16%를 차지하며, 면적이 가장 넓은 장기로 총면적이 1.5~2.0m^2에 이른다. 피부의 두께는 평균적으로 1.2mm이나, 부위에 따라 두께가 다르다. 피부 두께가 가장 두꺼운 부위는 손바닥과 발바닥으로 2~6mm이고, 가장 얇은 부위는 입술, 고막, 눈꺼풀 부위로 0.2~0.6mm이며, 두께가 얇은 부위일

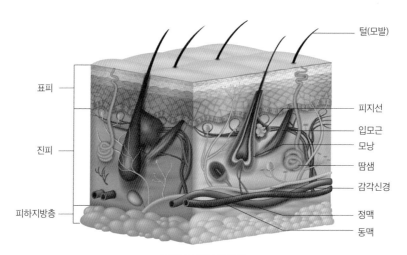

그림 1-1 피부의 구조

수록 주름이 생기기 쉽다. 피부 두께는 성별과 나이에 따라서도 다른데, 남성의 피부가 여성보다 두꺼우며 나이가 들수록 피부 두께는 얇아진다.

  피부는 크게 표피, 진피, 피하지방층의 세 층으로 구분된다. 표피는 피부의 가장 바깥층을 말하며 외부 환경과 직접 접촉하는 부분이다. 표피는 다시 기저층, 유극층, 과립층, 각질층으로 나뉘며, 각질형성세포를 비롯하여 멜라닌세포와 랑게르한스세포 등이 존재한다. 진피는 표피 바로 아래에 있는 피부층으로 콜라겐, 엘라스틴을 비롯하여 혈관, 신경, 모낭, 땀샘, 피지선(피지샘) 등 여러 구조물과 섬유아세포 등이 존재한다. 진피 아래에 있는 피하지방층은 지방세포로 구성되어 있다.

표피층의 세포

부위에 따라 차이가 있으나 평균적으로 0.1~0.3*mm* 두께인 표피층에는 각질형성세포(keratinocyte), 멜라닌세포(melanocyte), 랑게르한스세포(Langerhans cell), 메르켈세포(Merkel cell)가 존재한다. 이 중 각질형성세포가 표피의 주요 구성 세포이다. 표피의 기저층에서는 정육면체 형태의 각질형성세포가 끊임없이 분열하여 새롭게 만들어진다. 만들어진 각질형성세포는 상층으로 이동하면서 더 이상 분열하지 않으나, 각질화(keratinization)라는 분화(differentiation) 과정이 일어난다. 분화 과정에서 각질형성세포는 모양이 점점 납작해져 각질층에 이르러서는 아주 납작하고 편평한 각질세포가 된다. 기저층에서 새롭게 만들어진 각질형성세포가 각질층에 도달하는 데는 대략 14일 정도 걸리며, 각질층에 도달한 세포는 14일 정도 머문 후에 떨어져 나가므로 정상 상태의 표피층은 약 한 달 간격으로 새롭게 형성된다고 할 수 있다. 그러나 아토피 피부염 등 피부 질환이 생기면 각질형성세포의 분열 속도가 빨라지기에 표피층의 형성 기간 또한 짧아져 심한 경우 3~4일 이내에 새로운 표피층이 형성되기도 한다. 이는 피부 각질이 증가하는 원인이 된다.

멜라닌세포는 피부색을 결정하는 멜라닌이라는 색소를 만드는 세

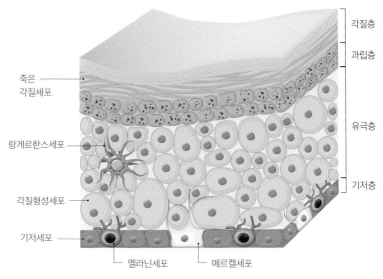

각질층

과립층

죽은
각질세포

유극층

랑게르한스세포

기저층

각질형성세포

기저세포

멜라닌세포   메르켈세포

그림 1-2 표피층의 구조와 구성 세포

포이다. 멜라닌세포는 기저층에서 4~10개의 각질형성세포를 기준으로 1개씩 존재한다. 자외선의 자극을 받아 멜라닌세포에서 생성된 멜라닌은 주변의 각질형성세포로 전달되고, 핵 위에 우산처럼 위치하여 자외선을 흡수하거나 산란시켜 각질형성세포를 자외선으로부터 보호한다. 우리는 하얀 피부를 선호하지만, 피부색을 검게 보이게 하는 멜라닌은 자외선으로부터 피부를 보호하기 위해 생성되는 물질이다. 인종 간 멜라닌세포의 수는 큰 차이가 없으나, 멜라닌 생성능에서 차이가 난다. 흑인은 백인보다 멜라닌 생성능이 높아서 피부암 등에 걸릴 위험도가 더 낮다.

랑게르한스세포는 피부 면역 기능을 담당하며, 표피 전 층에서 각질형성세포 사이에 위치한다. 돌기를 뻗어 외부로부터 유입되는 유해 물질(항원)을 잡은 후 림프계를 통해 면역 반응이 일어나게 한다. 그리고 메르켈세포는 피부의 접촉을 느끼는 감각 수용체 기능을 한다.

표피층에는 혈관이 없어서 필요한 영양분과 산소를 진피를 통해 공급받는다. 진피와 표피의 경계면인 기저층에서 진피의 모세혈관으로부터 영양분과 산소를 공급받는다. 잠을 제대로 못 자거나 피곤한 경우 표피층으로의 영양분과 산소 공급이 원활하게 이루어지지 않아 피부 상태가 푸석해진다. 또한 다치거나 긁혀서 피부에서 피가 난다면, 이는 상처가 표피층보다 더 깊은 부분까지 발생하였음을 의미한다.

진피층의 세포와 구조물

표피층과 피하지방층 사이에 있는 진피층의 두께는 0.5~4mm 정도로 표피의 10~40배에 이르며 피부의 대부분을 차지한다. 진피층에는 섬유아세포(fibroblast), 비만세포(mast cell), 대식세포(macrophage)가 존재하는데, 이 중 섬유아세포가 진피의 주요 구성 세포이다. 섬유아세포는 콜라겐(collagen), 엘라스틴(elastin) 등의 섬유상 단백질(fibrous protein)과 그 외 여러 기질을 생성한다. 비만세포는 모세혈관 가까이에 위치하여 염증 물질을 생성하거나 분비하는 작용을 하며, 대식세포는 이물질을 삼킴으로써 우리 몸을 보호한다.

진피는 콜라겐과 엘라스틴의 강도에 의해 피부를 지지하고 탄력을 유지한다. 표피층이 주로 세포로 구성되어 있고 각질화 과정에서 세포 모양이 변하는 데 비해 진피층에는 세포가 많지 않고 세포 모양도 변하지 않으며, 주로 콜라겐과 엘라스틴 등의 기질 단백질과 혈관, 신경, 모낭, 땀샘, 피지선으로 구성된다. 한 달 간격으로 새롭게 형성되는 표피와 달리 진피는 일단 손상되면 재생이 불가능하며 흉터가 남게 된다.

섬유아세포에서 생성되어 세포 밖으로 분비되는 콜라겐은 진피 구성 성분의 90%를 차지한다. 콜라겐은 프롤린(proline) 및 리신(lysine)이라는 아미노산을 다량 함유한 섬유(fiber) 형태의 단백질로, 땋은 머리처럼 3가닥이 결합되어 진피층 내에서 그물 구조를 이루어 피부의 강도를 유지한다. 콜라겐은 노화에 따라 그 양이 감소하고 구조가 변하는데, 이것이 주름이 생기는 원인으로 작용한다.

콜라겐과 같이 섬유아세포에서 생성되어 세포 밖으로 분비되는 엘라스틴은 콜라겐에 비해 짧고 가는 형태의 섬유상 단백질로, 콜라겐의 그물 구조에서 교차되는 부분의 연결고리 역할을 한다. 엘라스틴은 각종 화학물질에 대해서 저항력이 매우 강하고, 탄력성이 있어 피

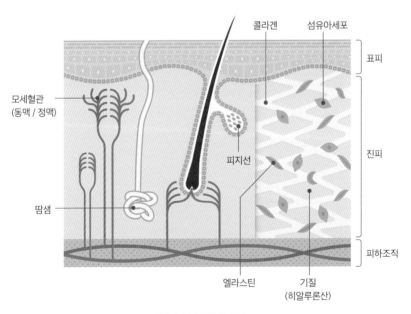

그림 1-3 진피층의 구조

부를 잡아당겼을 때 1.5배까지 늘어날 수 있으며, 피부를 다시 놓았을 때 용수철처럼 원래 상태로 되돌아갈 수 있게 한다. 엘라스틴은 노화로 인해 구조가 변하거나 손상되어 탄력성 유지 기능을 잃게 되고, 이에 따라 피부가 이완되고 주름이 생긴다.

또한 섬유아세포에서는 여러 종류의 기질이 생성되어 세포 밖으로 분비되는데, 이들은 콜라겐 및 엘라스틴과 같은 섬유상 단백질과 섬유아세포 사이를 채워 피부 조직을 지지한다. 기질은 히알루론산(hyaluronic acid), 글리코사미노글리칸(glycosaminoglycan) 등의 탄수화물, 글리코사미노글리칸이 결합한 단백질인 프로테오글리칸(proteoglycan) 등을 포함한다. 히알루론산은 자체 무게의 수십 배에서 1,000배에 이르는 양의 수분을 흡수할 수 있어서 피부 보습 유지에 중요한 역할을 한다.

혈관이 없는 표피와 달리 진피에는 혈관이 풍부하게 존재하여 영양소와 산소를 직접 공급받는다. 진피는 혈관 확장 또는 수축을 통해 체온 조절 기능을 할 수 있다. 진피에는 통증, 온도, 가려움 등의 감각을 느낄 수 있는 신경과 땀을 배출하는 땀샘을 비롯하여 모낭과 피지선이 존재한다. 피지선은 모낭과 연결되어 있으며 트리글리세라이드(triglyceride, TG), 유리 지방산(free fatty acid, FFA), 콜레스테롤(cholesterol, chol), 콜레스테롤 에스테르(cholesterol esters, CE)를 비롯하여 스쿠알렌(squalene) 등 여러 지질의 혼합체로 구성된 피지를 분비한다. 성호르몬의 영향을 받아 사춘기 이후 증가하는 피지 분비는 여드름 발생 원인이 되기도 한다.

●●●
피하지방층의
지방세포

    피하지방층은 지방세포로 구성되어 있으며, 피하지방층 두께는 지방세포의 수와 크기에 따라 달라진다. 피하지방층은 몸의 형태를 결정할 뿐만 아니라 여분의 영양소를 지방 형태로 저장하는 열량(에너지) 저장고이며, 외부 충격으로부터 내부 장기를 보호하고 체온을 유지한다. 앞서 남성의 피부가 여성의 피부보다 두껍다고 하였는데, 피하지방층은 여성이 남성보다 두껍다.

    피하지방층에 지방이 지나치게 축적되어 두꺼워지면 진피와 표피

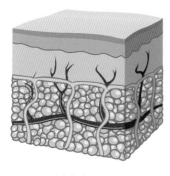
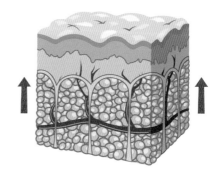

건강한 피부   셀룰라이트가 생긴 피부

그림 1-4 셀룰라이트 형성

가 위로 밀려 올라가고 피부 표면이 오렌지 껍질처럼 울퉁불퉁하게 된다. 그러면 지방세포 주위의 림프관과 혈관이 압박되어 순환 장애가 일어나고, 엘라스틴의 탄력성이 저하되는 현상이 발생한다. 이런 상태를 셀룰라이트(cellulite)라고 하며, 비만과 함께 순환계 질병의 원인으로 작용한다.

피부의 기능

피부의 가장 주요한 기능은 우리 몸을 보호하는 것이다. 우리 몸은 다양한 물리적, 화학적, 생물학적 위험 인자들에 노출되어 있다. 피하지방층이나 콜라겐, 엘라스틴 같은 섬유상 단백질은 마찰이나 충격 등의 물리적 위험 인자들로부터 우리 몸을 보호하고, 멜라닌세포는 자외선으로부터 피부를 보호한다. 표피에서 각질형성세포의 분화 과정에 의해 형성되는 최외각층인 각질층은 산과 알칼리 같은 화학적 위험 인자들로부터 몸을 보호하며, 피지막을 형성하거나 약산성 산도를 유지하여 바이러스, 곰팡이 등의 침입을 막고 세균의 성장을 억제한다. 또한 각질층의 피지막은 우리 몸에 존재하는 수분이나 전해질이 손실되는 것을 막는다.

피부는 혈액의 양을 변화시키거나 땀을 분비하여 체온을 조절한다. 즉, 혈관을 확장하거나 땀을 배출하여 체온을 낮추고, 추운 환경에서는 혈관을 수축하여 열이 방출되는 것을 막는다. 피하지방층도 열이 방출되는 것을 막아 주기에, 더운 환경에서 비만인은 더 많은 땀을 배출하게 된다. 땀의 구성 성분 일부는 소변의 구성 성분과 유사한데, 이는 몸속 노폐물의 일부가 땀으로 배출됨을 의미한다.

진피에 있는 신경 조직이나 표피의 감각 수용체들은 압력, 온도, 촉

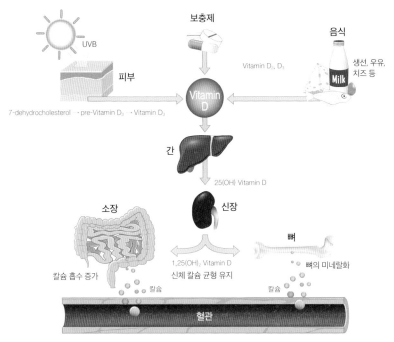

그림 1-5 비타민 D의 합성 과정 및 칼슘 균형 유지를 위한 기능

감, 통증 등 다양한 감각을 뇌에 전달한다.

　또한 피부에서는 자외선을 이용하여 비타민 D를 합성한다. 우리 몸의 칼슘 대사를 조절하고 뼈의 구조와 성장에 필요한 비타민 D는 우유, 치즈, 연어, 고등어 등의 식품 섭취를 통하여 얻을 수 있으나 현실적으로 하루에 필요한 비타민 D의 양을 식품 섭취만으로 충분히 얻기는 어렵다. 그런데 비타민 D는 자외선을 충분히 받으면 피부에서 합성될 수 있다. 피부는 자외선, 특히 UVB를 받으면 콜레스테롤의 대사체인 7-디하이드로콜레스테롤(7-dehydrocholesterol, 7-DHC)이 비타민 D의 전구물질인 비타민 D3(pre-Vitamin D3, precalciferol)로 전환되어 비타민 D3(cholecalciferol)가 생성되고, 이어지는 간 및 신장에서의 수산화(hydroxylation) 과정을 거쳐 활성형 비타민 D[1,25(OH)2D3 등]가 합성된다.

비타민 D는 특히 한국인에게 부족한 대표적인 영양소인데, 주로 실내에서 보내는 시간이 많고 자외선 차단제를 과하게 바르는 것이 원인으로 파악된다. 팔다리 전체를 노출한 상태에서 자외선 강도가 높은 오전 10시에서 오후 3시 사이(4월~11월 기준)에 15분 정도 햇빛을 쐬면, 하루에 필요한 양 이상의 비타민 D가 피부에서 합성된다. 비타민 D 결핍은 소장에서의 칼슘 흡수를 저해하고, 그러면 뼈가 약해져 골다공증과 골절 발생 위험성이 증가할 수 있기에 평소 햇빛을 충분히 받을 필요가 있다.

2장.
피부의 대사

표피층의 분화와
지질 대사

표피의 가장 하층인 기저층에서는 표피의 주요 세포인 각질형성세포가 끊임없이 분열하여 새롭게 만들어진다. 각질형성세포가 각질층에 도달하는 동안 분화 과정이 일어나면서 각질화가 이루어진다. 분화 과정에서 각질형성세포의 모양은 점점 편평해지고, 각질층에 도달해서는 납작해지고 여러 겹을 이루어 외부 환경으로부터 우리 몸을 보호한다.

각질형성세포는 기저층에서 각질층까지 도달하는 동안 각질화라는 분화 과정을 거치면서 여러 종류의 케라틴(keratin)을 포함한 다양한 분화 지표 단백질들을 발현(expression)한다. 기저층에서는 케라틴 5와 케라틴 14, 유극층에서는 케라틴 1과 케라틴 10, 과립층에서는 인볼루크린(involucrin), 각질층에서는 로리크린(loricrin)과 필라그린(filaggrin)이 각 층별 해당 분화 지표 단백질로 파악된다.

표피의 분화 과정은 각 층별 분화 지표 단백질의 발현뿐만 아니라 역동적인 지질 대사를 수반한다. 트리글리세라이드, 콜레스테롤, 콜레스테롤 에스테르를 비롯하여 유리 지방산, 인지질(phospholipid) 및 세라마이드(ceramide)가 표피의 주요 구성 지질인데, 이들의 함량은

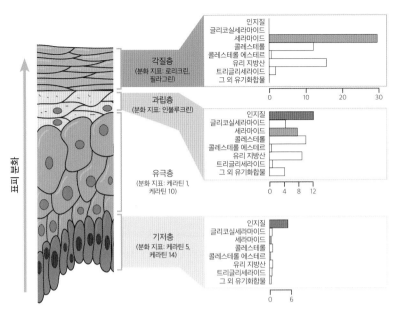

그림 2-1 표피 분화 과정의 각 층별 분화 지표 단백질 발현 및 주요 구성 지질의 함량 변화

각 층별로 현저히 구분된다.

트리글리세라이드와 콜레스테롤 에스테르의 함량은 표피의 모든 층에서 크게 변화하지 않는다. 이와 대조적으로, 인지질은 기저층의 주요 지질인 반면 과립층에서는 타 지질의 생성 증가와 함께 함량이 상대적으로 감소하고 각질층에서는 전혀 존재하지 않는다. 콜레스테롤과 유리 지방산은 기저층에서는 소량으로 존재하나 과립층 및 각질층에서는 함량이 다소 증가한다. 기저층에서 극소량인 세라마이드는 분화 과정에서 함량이 크게 증가하여 각질층에서는 전체 구성 지질의 최대 50%를 차지하게 된다. 즉, 표피 분화 과정의 역동적인 지질

대사는 인지질 분해와 병행되는 세라마이드의 현저한 생성 증가로
설명할 수 있다.

참고문헌

Yardley HJ, Summerly R, <Lipid composition and metabolism in normal and diseased epidermis>, 《Pharmac Ther》, 1981, 13:357-383.

표피 각질층의
피부 장벽

　피부는 외부의 여러 위험 인자들로부터 우리 몸을 보호하는데, 일차적으로 표피의 각질층에서 피부 장벽 기능이 이루어진다. 각질층에는 핵이 없고 납작하게 된 죽은 각질세포(corneocyte)가 여러 겹으로 쌓여 있고, 각질세포에서 분비되는 지질들이 각질세포 사이사이를 채우고 있다.

　세라마이드, 콜레스테롤, 유리 지방산으로 이루어진 각질층의 지질은 일반적인 생체막의 지질 구성과 상이하다. 인지질이나 스핑고미엘

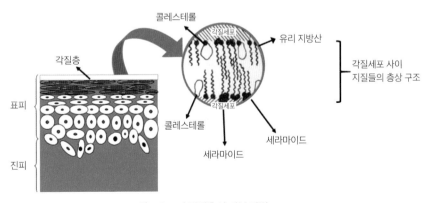

그림 2-2 표피 각질층의 피부 장벽

린(sphingomyelin), 콜레스테롤을 함유하는 생체막은 분자량이 작은 수용성 물질이 쉽게 투과되는 반면, 각질층의 지질은 각질세포에서 분비된 후 각질세포 사이에서 층상 구조(lamellar structure)를 이루어 수용성 물질의 투과가 어려운 피부 장벽 기능을 수행한다.

참고문헌

Elias PM, Menon GK, <Structural and lipid biochemical correlates of the epidermal permeability barrier>, 《Adv Lipid Res》, 1991, 24:1-26.

진피층의 콜라겐과 엘라스틴의 대사
합성과 분해

진피층은 1장에서 설명한 바와 같이 섬유아세포, 콜라겐 및 엘라스틴 등의 섬유상 단백질로 구성되고, 이들의 사이를 히알루론산, 글리코사미노글리칸, 프로테오글리칸 등의 기질들이 채워 주는 형태로 이루어져 있다.

아미노산들이 연결되어 단백질을 형성한다. 즉, 아미노산은 단백질의 구성단위이다. 아미노산은 20가지 종류가 있으며, 각 단백질은 20가지 아미노산의 조성 및 연결 순서에 따라 고유성을 갖는다.

콜라겐은 프롤린 및 리신이라는 아미노산을 다량 함유한 섬유 형태의 단백질이다. 콜라겐의 프롤린 부위는 수산화 과정을 거쳐 하이드록시프롤린(hydroxyproline)이 된다. 콜라겐에서는 글리신-X-Y 형태로 아미노산이 배열되고, 다량의 프롤린과 하이드록시프롤린이 X와 Y에 위치하는 규칙성을 가지고 아미노산들이 연결된 세 개의 폴리펩타이드 사슬이 안정적인 3중 나선 구조(땋은 머리 모양)를 형성한다.

콜라겐은 우리 몸의 조직 전반에 걸쳐 분포되어 있으며, 특히 피부에서는 진피층의 90%를 차지한다. 콜라겐은 진피층의 섬유아세포에

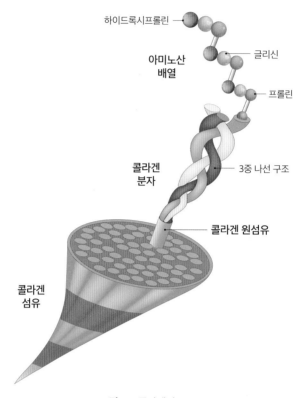

하이드록시프롤린

아미노산
배열

글리신

프롤린

콜라겐
분자

3중 나선 구조

콜라겐 원섬유

콜라겐
섬유

그림 2-3 콜라겐의 구조

서 생성된 후 분비되어 진피층 내에 그물 구조를 형성한다. 우리 몸에
는 20여 가지의 콜라겐이 존재한다. 피부 진피에는 1형(type Ⅰ), 3형
(type Ⅲ)을 포함하여 여러 종류의 콜라겐이 존재하는데, 그중 1형이
80~85%, 3형이 10~15%를 차지한다.

섬유아세포에서의 콜라겐 합성은 여러 자극으로 인해 증가하는데,
피부에 상처가 났을 때를 대표적인 예로 들 수 있다. 면역 세포를 비

롯해 상처 부위에 모인 여러 세포들은 세포의 성장, 이동, 분화 및 사멸 등을 조절하는 다기능성 사이토카인(cytokine)의 일종인 전환성장인자-베타(transforming growth factor-β, TGF-β)를 비롯한 여러 물질을 분비하여 섬유아세포에 전달한다. 이 물질들은 세포막에 있는 해당 수용체에 결합하여 유도되는 다양한 신호 전달 경로에 의해 콜라겐 합성을 증가시킨다.

엘라스틴은 콜라겐에 비해 짧고 가는 형태의 섬유상 단백질이다. 엘라스틴은 콜라겐처럼 섬유아세포에서 합성되어 분비되며, 콜라겐 그물 구조가 교차되는 부분의 연결고리 역할을 한다. 엘라스틴은 화학물질에 대한 저항력이 매우 강하고 탄력성이 있어 피부 탄력 유지

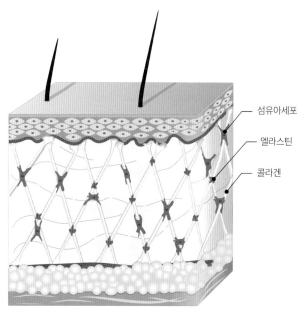

그림 2-4 진피의 콜라겐과 엘라스틴 구조

에 절대적으로 중요하다.

콜라겐과 엘라스틴은 여러 자극으로 인해 합성이 증가할 수 있는 반면 분해가 촉진되거나 억제될 수도 있다. 기질 금속 단백 분해 효소(matrix metalloproteinase, MMP)는 아연이나 망간 등 금속 성분이 포함된 단백질 분해 효소로, 콜라겐과 엘라스틴은 주로 MMP 효소에 의해 분해된다. 우리 몸에는 여러 종류의 MMP가 존재한다. MMP-1은 진피의 주요 콜라겐인 1형과 3형 콜라겐의 분해에 관여하며, 엘라스틴은 MMP-2와 MMP-9에 의해 분해되는 것으로 파악된다. MMP-12는 피부의 노화 과정에서 증가하는 효소로, 엘라스틴 분해를 촉진한다.

한편 MMP와 반대 작용을 하는 효소가 진피층에 존재하는데, 그 이름은 금속 단백 분해 효소의 조직 억제인자(tissue inhibitor of metalloproteinase, TIMP)이다. TIMP는 용어 뜻대로 MMP의 효소 활성을 억제한다. TIMP는 MMP와 결합하여 활성을 중지하기에 MMP 효소의 활성 중지가 필요한 경우 TIMP 합성이 증가한다. 정상 상태에서는 MMP와 TIMP가 일정 비율로 유지되나, 피부가 자외선에 장시간 노출된 경우 MMP의 합성 및 활성이 증가하여 콜라겐과 엘라스틴의 분해가 촉진되고 주름이 형성된다. 즉 MMP는 주름 생성을 촉진하고, TIMP는 주름 생성을 억제하는 상반되는 작용을 한다.

참고문헌

Baumann L, <Skin ageing and its treatment>, 《J Pathol》, 2007, 211:241-251.

진피층의 기질 생성
글리코사미노글리칸 및 프로테오글리칸

    글리코사미노글리칸은 진피층에서 섬유아세포들의 사이를 채워 주는 탄수화물 성분의 기질이다. 글리코사미노글리칸은 이당류 형태의 당이 반복적으로 연결된 구조를 이루며 히알루론산, 콘드로이틴 황산염(chondroitin sulfate), 더마탄 황산염(dermatan sulfate), 헤파란 황산염(heparan sulfate), 헤파린(heparin), 케라탄 황산염(keratan sulfate) 등이 대표적인 진피층의 글리코사미노글리칸이다. 이 중 히알루론산은 D-글루쿠론산(D-glucuronic acid)과 N-아세틸글루코사민(N-acetylglucosamine, NAG)의 두 가지 당이 연결된 형태인 이당류가 반복적으로 연결된 구조로, 다양한 길이로 존재한다.

    히알루론산은 진피층의 세포 사이를 채워 주는 기질 역할을 할 뿐만 아니라 수산화기(-OH)가 많은 구조여서 자체 무게의 수십 배에서 1,000배에 이르는 다량의 수분을 흡수하여 보습을 유지하는 기능을 한다. 수분 흡수력이 뛰어난 히알루론산은 보습 유지를 위한 화장품 소재로 개발되어 일상적으로 쓰이고 있다. 히알루론산은 다른 글리코사미노글리칸과 달리 프로테오글리칸과 결합하지 않고 단독으로 존재한다.

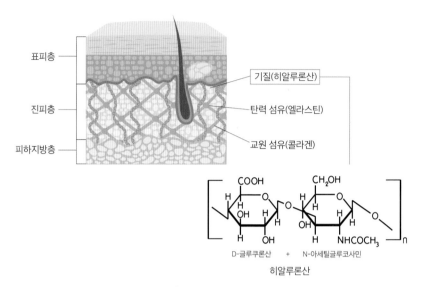

그림 2-5 진피의 히알루론산

콘드로이틴 황산염, 더마탄 황산염, 헤파란 황산염, 헤파린, 케라탄 황산염 종류의 글리코사미노글리칸과 결합해 있는 프로테오글리칸 은 진피층에서 섬유아세포의 세포막에 존재하거나 세포 밖에 존재하 면서 세포 사이를 채워 준다. 즉, 프로테오글리칸은 세포막 주위 구조 물과의 연결을 견고하게 하거나 세포 밖에 존재하는 여러 성분들을 연결하는 역할을 한다.

피하지방의 대사

성인은 임신기를 제외하면 피하지방의 세포 수가 거의 변하지 않으며, 피하지방층의 두께는 지방세포의 크기에 따라 결정된다. 지방세포에는 글리세롤(glycerol)에 3개의 지방산이 결합된 구조의 트리글리세라이드(중성지방이라고도 함)가 존재한다. 우리 몸에서 사용하고 남은 열량은 트리글리세라이드로 전환되어 지방세포에 저장되며, 트리글리세라이드 함유 정도에 따라 지방세포의 크기와 지방층의 두께가 결정된다. 즉, 트리글리세라이드가 증가하면 지방세포의 크기 및 피하지방층의 두께가 증가한다.

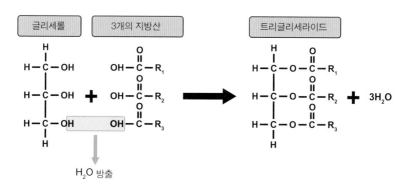

그림 2-6 글리세롤 분자 1개와 지방산 분자 3개가 결합한 트리글리세라이드

섭취한 지방 또는 열량이 과다한 경우 트리글리세라이드 합성이 증가하여 지방세포에 축적되는 반면, 섭취한 열량이 부족한 경우에는 피하지방에 축적된 트리글리세라이드가 리파아제(lipase) 효소에 의해 글리세롤과 지방산으로 분해되어 열량 생성에 사용된다. 이처럼 여분의 열량을 저장하는 형태인 트리글리세라이드는 비만의 관점에서 보면 우리 몸에 과도하게 축적되지 않도록 해야 한다. 그러나 트리글리세라이드는 외부의 충격으로부터 내부 장기를 보호하고 체온을 유지할 뿐만 아니라 몸의 형태를 결정하기에 지나친 다이어트는 피하는 것이 바람직하다.

3장.
피부 건강

- 피부 건강의 의미: 피부 보습과 약산성의 산도 유지
- 피부 보습 관련 생체 지표: 피지막, 자연보습인자 및 히알루론산
- 피부 보습 유지 기전: 피지막과 세라마이드
- 표피의 세라마이드 대사: 세라마이드의 생성 및 분해
- 피부 보습 유지 기전: 자연보습인자와 유리 아미노산
- 표피의 유리 아미노산 대사: 필라그린 분해 및 유리 아미노산 생성
- 피부 보습 유지 기전: 히알루론산의 생성 및 분해
- 피부의 약산성 산도 유지 관련 생체 지표
- 피부 건강 생체 지표 측정 기기: 보습 및 산도 측정 기기
- 보습 및 산도 관련 생체 지표 측정의 장단점

피부 건강의 의미
피부 보습과 약산성의 산도 유지

　어떤 피부가 건강해 보일까? 이 질문에 우리는 보통 푸석거리지 않고 촉촉하면서 주름이 없고 피부 톤이 전체적으로 밝으며 기미 등 불규칙한 색소 침착이 없을 때 피부가 건강해 보인다고 대답할 것이다. 그런데 이 의견에는 피부 건강과 피부 미용 또는 이너 뷰티의 개념이 혼용되어 있다. 피부 건강은 질병 발생과의 관련성 면에서 피부 미용과 차별성을 지닌다.

　주름과 색소 침착은 피부 노화나 피부 조직 손상 등으로 초래되기는 하나, 주름이나 기미 등의 색소 침착이 피부 질병을 초래하지는 않는다. 따라서 '주름 개선', '밝은 피부 톤', '잡티 제거'는 피부 미용 측면에서 큰 의미를 지닌다. 반면 '푸석거리지 않고 촉촉함'은 피부 보습을 의미하는데, 피부 보습 감소는 여러 가지 피부 질환의 직접적인 원인이 되기에 '보습 유지'는 피부 건강 측면에서 더욱 의미가 크다.

　피부 자체가 함유한 수분의 양을 의미하는 보습은 피부 건강을 좌우하는 주요 요소이다. 피부에 함유된 수분의 양이 충분하면 피붓결이 매끄럽고 윤기가 있으며, 부족하면 피부가 건조하고 거칠어진다. 건강한 피부는 15~20%의 수분을 함유하고 있다. 수분 함유량이 10%

이하인 건조한 피부에서는 감염과 염증이 초래되고, 2차적으로 표피 과증식(과다 각화증, hyperkeratosis)이 나타나며, 피부 건조증(xerosis), 건선염과 아토피 피부염 등 피부 질환과의 상관성이 높아진다. 미용적인 측면에서 건조한 피부에는 2차적으로 주름이 증가한다.

한편 건강한 피부는 약산성의 산도(pH)를 유지하여 바이러스, 곰팡이 등 외부 미생물의 침입을 막고 피부 표면에서의 이들의 성장을 억제한다. 건강한 피부의 표면은 pH 4.5~6.0 범위의 약산성을 유지하고 있다. 아토피 피부염이나 여드름 등 피부 질환이 발병하면 피부의 산도가 증가하며, 피부 노화가 진행되거나 흡연하는 경우에도 피부의 산도가 증가한다.

이처럼 피부 보습 및 약산성의 산도는 피부 건강을 위한 필수 요소이다.

참고문헌

Rawlings AV, Harding C, <Moisturization and skin barrier function>, 《Dermatol Ther》, 2004, 17(suppl 1):43-48.
Rippke F, Schreiner V, Schwanitz HJ, <The acidic milieu of the horny layer: new findings on the physiology and pathophysiology of skin pH>, 《Am J Clin Dermatol》, 2002, 3:261-272.

피부 보습 관련 생체 지표
피지막, 자연보습인자 및 히알루론산

    피부 보습은 피부의 가장 외층인 표피에 존재하는 수분에 의해 유지된다. 표피의 수분 함량은 표피에서 생성, 분비되는 지질 혼합체인 피지막과 표피 내에 존재하는 수용성 성분인 자연보습인자(Natural Moisturizing Factor, NMF)에 의해 조절된다. 지질 혼합체인 피지막이 층상 구조를 유지하는 동시에 피부 표면을 덮어 수분 손실을 억제하고, 극성 혼합체인 자연보습인자는 직접적으로 수분을 보유하거나 흡습하여 보습을 유지한다.

    피지막과 자연보습인자의 함량은 기온 및 습도 등의 환경적 요인과 유전, 노화, 스트레스, 영양 상태 등의 내인성 인자들에 영향을 받는다. 즉, 이 인자들의 변화와 함께 피지막 및 자연보습인자의 함량이 감소하면 표피의 수분 손실이 증가하여 보습이 감소한다. 그리고 2차적으로는 표피의 과증식을 유발하여 28일 주기로 이루어지는 각질형성세포의 기저층에서 각질층으로의 이동 과정이 3~4일 간격으로 짧아지게 된다. 건강한 피부도 습도와 기온이 낮아지는 겨울에는 표피의 세라마이드 및 자연보습인자의 함량이 감소하며, 노화에 따라서도 감소한다. 표피 건조화는 피부 건조증, 건선염과 아토피 피부염 등의 피부 질환에서도 흔히 볼 수 있다.

히알루론산도 피부 보습의 생체 지표이다. 히알루론산은 진피층의 섬유아세포 사이를 채워 주는 기질로서 기능하며, 수산화기가 많은 구조여서 수분 흡수력이 뛰어나 피부 보습을 유지하는 기능도 한다. 히알루론산은 진피층의 섬유아세포에서뿐만 아니라 각질형성세포에서도 생성되는 것으로 알려져 있어, 진피와 표피를 아우르는 피부 보습 관련 생체 지표로 여겨진다.

앞서 언급한 바와 같이 미용적 측면에서 피부 보습이 감소하면 2차적으로 주름이 증가한다. 본 장에서는 피부 건강과 관련하여 피부 보습의 직접적인(1차적인) 생체 지표에 한하여 서술하고자 하며, 주름 관련 생체 지표는 4장의 '노화 관련 생체 지표'를 참조하기 바란다.

참고문헌

Rawlings AV, Harding C, <Moisturization and skin barrier function>, 《Dermatol Ther》, 2004, 17(suppl 1):43-48.
Tammi R, Ripellino JA, Margolis RU, et al, <Localization of epidermal hyaluronic acid using the hyaluronate binding region of cartilage proteoglycans as a specific probe>, 《J Invest Dermatol》, 1988, 90:412-414.

피부 보습 유지 기전
피지막과 세라마이드

    각질형성세포가 표피의 기저층에서 각질층까지 이동하면서 이루어지는 '각질화'라는 분화 과정은 각 층별 분화 지표 단백질 발현과 함께 역동적인 지질 대사를 도모한다.

    각질층에 존재하는 피지막은 각질형성세포들이 상층으로 이동하는 과정에서 생성, 분비되는 세라마이드, 콜레스테롤, 지방산으로 이루어진 지질 혼합체이다. 이 중 피지막 구성 지질의 50% 이상을 차지하는 세라마이드는 스핑고이드 염기(sphingoid base)에 다양한 사슬 길이와 불포화도를 갖는 지방산 및 오메가-하이드록시 지방산(ω-hydroxy fatty acid)이 아미드(amide-linkage) 또는 에스테르(ester-linkage) 형태로 결합되어 있다. 이들에 의해 형성되는 다양한 극성은 피지막의 층상 구조를 유지하는 데 중요하다.

    표피의 세라마이드는 스핑고이드 염기의 다양성과 스핑고이드 염기에 결합해 있는 지방산의 종류 및 결합 형태의 다양성에 따라 12가지 이상의 종류가 있다. 이 중 스핑고신(sphingosine)에 매우 긴 사슬 오메가-하이드록시 지방산이 아미드 형태로 결합하고 이어서 탄소 수가 18개인 지방산이 에스테르 결합 형태로 연결된 긴 구조의 세라

마이드 1(ceramide 1, Cer1)이 피지막의 층상 구조를 유지하는 주요 세
라마이드이다.

참고문헌

Coderch L, Lòpez O, Maza A, et al, <Ceramides and skin function>, 《Am J Clin Dermatol》, 2003, 4:107-129.

표피의 세라마이드 대사
세라마이드의 생성 및 분해

세라마이드는 표피에서 일어나는 분화 과정의 역동적인 지질 대
사 과정에서 제공되는 인지질의 분해 산물인 세린(serine)과 팔미토
일-CoA(palmitoyl-CoA)의 결합에 의해 최초로 생성된다(최초 생성 경
로). 세라마이드는 글루코실세라마이드(glucosylceramide) 또는 스핑고

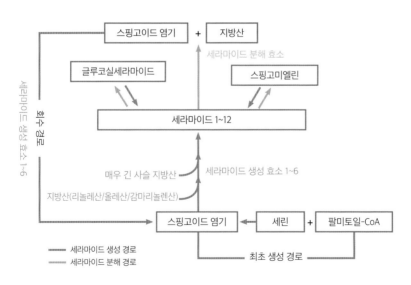

그림 3-1 세라마이드 대사 과정

미엘린(sphingomyelin)으로 대사된다. 글루코실세라마이드와 스핑고미엘린은 세라마이드 전구 지질로, 이들로부터 다시 여러 종류의 세라마이드(ceramide 1~12)가 생성된다. 세라마이드는 스핑고이드 염기와 지방산으로 최종 분해되는데, 이들은 다시 세라마이드 생성에 재사용되기도 한다(회수 경로).

세라마이드 생성 및 분해에 관여하는 여러 효소는 표피의 산도에 영향을 받는다. 이 효소들의 활성이나 발현 변화는 세라마이드를 비롯하여 글루코실세라마이드와 스핑고미엘린 등의 함량 변화를 초래한다. 즉, 피부의 산도 증가는 세라마이드 생성 관련 효소들의 활성 감소를 초래하며, 이는 세라마이드의 생성 감소로 이어져 결과적으로 피지막의 층상 구조가 파괴되고 보습이 감소하여 피부가 건조해진다.

참고문헌

Holleran WM, Takagi Y, Uchida Y, <Epidermal sphingolipids: metabolism, function, and roles in skin disorders>, 《FEBS Letters》, 2006, 580:5456-5466.

• • •

피부 보습 유지 기전
자연보습인자와 유리 아미노산

피부 보습의 또 다른 생체 지표인 자연보습인자는 젖산(lactate), 요소(urea), 구연산(citric acid), 유리 아미노산(free amino acid) 및 피롤리돈카복실산(pyrrolidone carboxylic acid, PCA), 우로카닌산(urocanic acid, UCA)과 같은 아미노산 대사산물을 포함하는 극성 혼합체이다. 피롤리돈카복실산은 글루탐산(glutamic acid)이라는 아미노산의 대사산물이며, 우로카닌산은 히스티딘(histidine)이라는 아미노산의 대사산물이다.

자연보습인자는 그 자체의 흡습성으로 수분을 직접 보유하거나 흡습하여 표피의 수분을 유지한다. 자연보습인자는 표피 내 함량이 10% 수준으로, 이 중 유리 아미노산이 전체 자연보습인자의 40%를 차지하는 주요 구성 요소이다. PCA와 UCA가 아미노산의 대사산물인 것을 포함하면 자연보습인자의 60% 이상이 유리 아미노산의 생성 및 대사와 관련 있는 것으로 여겨진다.

Koyama J, Horii I, Kawasaki K, et al, <Free amino acids of stratum corneum as a biochemical marker to evaluate dry skin>, 《J Soc Cosmet Chem》, 1984, 35:183-195.

표피의 유리 아미노산 대사
필라그린 분해 및 유리 아미노산 생성

표피의 유리 아미노산 조성은 대부분의 아미노산 농도가 일정 범위에서 큰 변화 없이 유지되는 혈액의 유리 아미노산 조성과는 크게 다르다. 단백질의 구성단위인 20가지 아미노산은 우리 몸에서의 합성 여부에 따라 '필수 아미노산'과 '불필수 아미노산'으로 구분된다. 우리 몸에서 합성이 안 되어 식이로 반드시 섭취해야 하는 것은 필수 아미노산, 우리 몸에서 합성되는 것은 불필수 아미노산이라 한다.

표피의 유리 아미노산은 불필수 아미노산인 글루탐산, 세린, 프롤린, 글리신의 함량이 높게 측정되는데, 이 같은 조성은 필라그린이라는 표피 단백질의 아미노산 조성과 유사하다. 필라그린은 글루탐산, 세린, 프롤린, 글리신과 히스티딘이 전체 아미노산 조성의 80% 이상을 차지한다. 이는 표피의 유리 아미노산이 필라그린이라는 단백질의 분해 산물임을 의미한다.

필라그린은 표피의 중간층인 과립층에서 여러 개의 필라그린 단위체가 반복적으로 연결된 중합체 형태의 필라그린 전구 단백질(profilaggrin)로 생성된다. 각질형성세포가 상층으로 이동하며 이루어지는 분화 과정에서 필라그린 전구 단백질은 필라그린 단위체가

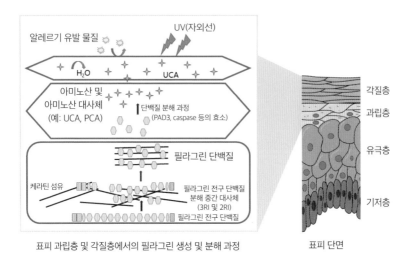

표피 과립층 및 각질층에서의 필라그린 생성 및 분해 과정   표피 단면

그림 3-2 표피 분화 과정에서의 필라그린 생성 및 분해 과정

3개(three-repeat intermediate, 3RI) 또는 2개씩(two-repeat intermediate, 2RI) 연결된 분해 중간 대사체를 거쳐 필라그린 단위체로 분해되고, 이어서 유리 아미노산으로 최종 분해된다. 필라그린 단백질이 유리 아미노산으로 분해되는 과정에는 펩티딜아르기닌 데이미나제-3(peptidylarginine deiminase-3, PAD3), 카스파제-14(caspase-14) 등 다양한 단백질 분해 효소(protease)가 관여하는 것으로 보고되고 있으나, 아직 그 과정이 명확히 파악되지 않았다.

〈그림 3-3〉은 면역형광법(immunofluorescence, IF)을 이용하여 정상 피부와 아토피 피부염 표피에서의 필라그린 단백질 발현을 비교해 본 것이다. (A)의 상단은 면역형광현미경으로 정상군 및 아토피 피부염 표피에서의 필라그린 발현을 관찰한 이미지이고, 가운데는 광현미

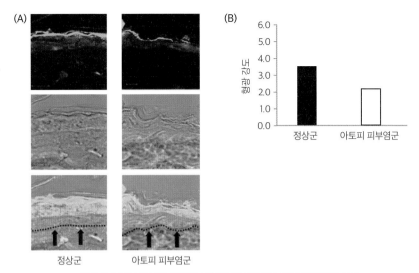

그림 3-3 정상 피부와 아토피 피부염 표피에서의 필라그린 발현 비교

경으로 본 동일 표피 조직의 이미지이다. (A)의 하단은 형광현미경과 광현미경으로 관찰한 것을 공동 캡처한 이미지이며, 화살표와 점선은 표피의 최하층을 표시한 것이다. (B)는 (A) 상단 이미지의 면역형광 강도를 수치화한 결과이다. 그림에서 볼 수 있듯이 아토피 피부염이 발병한 동물의 표피에서는 정상군에 비해 필라그린 단백질 발현이 감소해 있다. 자외선 조사를 한 표피에서도 보습 감소와 함께 필라그린 단백질 발현이 감소하는 것으로 보고되었다.

참고문헌

Harding CR, Scott IT, <Histidine-rich proteins(filaggrin): structural and functional heterogeneity during epidermal differentiation>, 《J Mol Biol》, 1983, 170:651-673.

Kim H, Lim YJ, Park JH, Cho Y, <Dietary silk protein, sericin, improves epidermal hydration with increased levels of filaggrins and free amino acids in NC/Nga mice>, 《Br J Nutr》, 2012, 108:1726-1735.

피부 보습 유지 기전
히알루론산의 생성 및 분해

    진피와 표피를 아우르는 피부 보습 관련 생체 지표인 히알루론산은 진피의 섬유아세포와 표피의 각질형성세포에서 생성된다. 히알루론산의 합성은 히알루론산 합성 효소(hyaluronic acid synthase, HAS)에 의해 이루어지며, 지금까지 세 종류의 히알루론산 합성 효소(HAS-1, HAS-2, HAS-3)가 알려져 있다. 히알루론산의 분해는 히알루론산 분해 효소(hyaluronidase, HYAL)에 의해 이루어지며, 네 종류의 히알루론산 분해 효소(HYAL-1, HYAL-2, HYAL-3, HYAL-4)가 알려져 있다.

    자외선 조사 시 섬유아세포 및 각질형성세포에서 히알루론산 함량이 감소하고 히알루론산 합성 효소의 발현이 감소하는 반면 히알루론산 분해 효소의 발현은 증가함이 밝혀졌다.

참고문헌

Kurdykowski S, Mine S, Bardey V, et al, <Ultraviolet-B irradiation induces differential regulations of hyaluronidase expression and activity in normal human keratinocytes>, 《Photochem Photobiol》, 2011, 87:1105-1112.

피부의 약산성 산도 유지 관련
생체 지표

    보습과 더불어 피부 건강을 나타내는 또 다른 주요 지표인 피부 산도는 표피에서 생성되는 젖산, 유리 지방산, 유리 아미노산을 비롯하여 암모니아(NH₃) 및 이산화탄소/탄산수소이온(CO₂/HCO₃⁻)의 농도 등 여러 인자들의 전체 합에 의해 결정된다. 이들 인자 중 젖산은 피부 산도의 주요 결정 인자로, 흥미롭게도 젖산 생성 효소인 젖산 탈수소 효소(lactate dehydrogenase, LDH)는 표피에서 호기적(aerobic, 好氣的)인 상태에서도 강한 활성을 갖는 것으로 알려져 있다. 또한 표피 분화 과정에서 인지질 분해 산물인 유리 지방산과 필라그린의 분해 산물인 유리 아미노산, 그리고 아미노산의 분해 산물인 암모니아 및 세포의 대사산물인 이산화탄소/탄산수소이온에서 초래되는 다양한 극성이 피부 산도 유지에 기여한다.

    건강한 피부에서 표피 각질층 전까지의 산도는 pH 7 이상의 약알칼리인 반면, 각질층 표면의 산도는 pH 4.5~6.0의 약산성 범위를 유지하고 있다. 이는 각질층에서 증가한 젖산, 유리 지방산, 유리 아미노산에 의해 각질층 표면에서 약산성 범위의 산도가 형성되었음을 의미한다.

피부 표면의 약산성 산도 유지는 피부 장벽 및 각질층 유지에도 절대적으로 중요하다. 아토피 피부염이나 여드름 등의 피부 질환이 발병하면 피부 산도가 증가하여 약산성의 환경이 적합한 세라마이드 생성 관련 효소들의 활성이 저하된다. 이는 세라마이드 생성 감소로 이어져 결과적으로 피지막의 층상 구조가 파괴되고, 보습 감소와 함께 피부가 건조해진다. 반면 피부 산도가 증가하면 단백질 분해에 관여하는 효소들의 활성이 증가하여 단백질 분해가 증가하고 각질층 구조가 파괴된다. 노화된 피부에서는 피부 산도 증가와 함께 진피층의 히알루론산 및 콜라겐 합성에 관여하는 효소의 활성이 감소하여 히알루론산 및 콜라겐 생성이 감소한다.

피부 산도 또한 피부 보습과 유사하게 기온 및 습도 등의 환경적 요인과 유전, 노화, 스트레스, 영양 상태 등 내인성 인자들에 영향을 받는다. 흥미롭게도 동물 모델 및 인체 대상 연구에서 도포제를 이용하여 피부 건조화를 유도하자, 피부 산도는 수 분에서 수일 내에 증가한 반면, 피부의 보습 감소는 10일 이후에 초래되었다. 이는 피부 산도가 피부 보습보다 피부의 건강 상태를 더욱 신속하게 나타내는 생체 지표임을 의미한다.

참고문헌

Rippke F, Schreiner V, Schwanitz HJ, <The acidic milieu of the horny layer: new findings on the physiology and pathophysiology of skin pH>, 《Am J Clin Dermatol》, 2002, 3:261-272.
Chikakane K, Takahashi H, <Measurement of skin pH and its significance in cutaneous diseases>, 《Clin Dermatol》, 1995, 13:299-306.

피부 건강 생체 지표 측정 기기
보습 및 산도 측정 기기

국내외 여러 회사에서 보습, 산도 등 피부 상태를 측정하는 기기들을 개발하였다. 그중 독일 쾰른의 회사 Courage+Khazaka electronic GmbH의 기기가 가장 널리 사용되고 있다.

피부 상태는 주변 환경에 영향을 받으므로, 보습 및 산도를 측정할 때는 일정한 온도와 습도를 유지하는 것이 중요하다. 그러므로 실온용 센서(온습도 자동 측정기)를 이용하여 측정 장소의 온도와 습도 등 환경 조건을 기록하는 것이 필요하고, 대상자의 피부 상태를 측정하기 전에 적어도 30분간 동일한 장소에 머무르도록 해야 한다.

피부에 존재하는 수분의 양을 의미하는 보습은 피부 표면에 접촉시킨 보습 측정기(Corneometer) 탐침의 전극 간격을 통해 전도되는 정전부하량(capacitance)을 측정하여 파악한다. 보습 측정기의 탐침은 각질층 30~40μm 깊이 이내에 존재하는 수분 함유량을 측정하는데, 수분 함유량은 정전부하량과 비례하기에 피부의 보습도가 높을수록 측정되는 정전부하량 수치가 높다.

피부 보습은 표피 표면의 수분 함유량뿐만 아니라 경표피 수분 손실량(trans epidermal water loss, TEWL) 측정을 통해서도 파악할 수 있다.

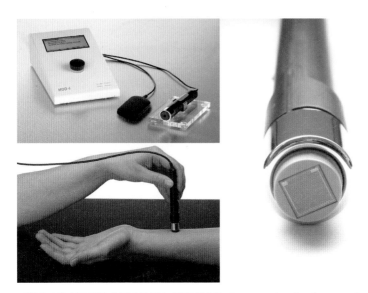

그림 3-4 온습도 자동 측정기와 보습 측정기(출처: Courage+Khazaka electronic GmbH 홈페이지)

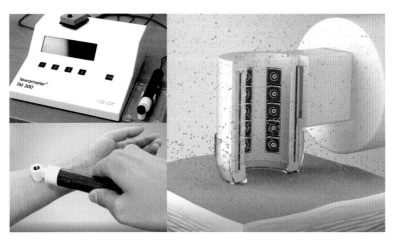

그림 3-5 경표피 수분 손실량 측정기(출처: Courage+Khazaka electronic GmbH 홈페이지)

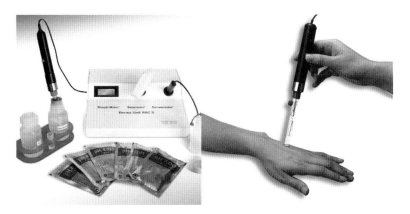

그림 3-6 피부 산도 측정기(출처: Courage+Khazaka electronic GmbH 홈페이지)

표피에서 증발하는 수분량을 의미하는 경표피 수분 손실량은 피부에 존재하는 수분 함유량을 의미하는 보습과 역의 상관성을 갖는다. 피부의 경표피 수분 손실량 측정기(Tewameter)의 탐침을 피부에 접촉시켜 30~40초 이내에 단위 면적당 증발하는 수분 함량(g/h/㎡)을 측정하여 경표피 수분 손실량을 파악한다.

피부 산도는 피부 산도 측정기(skin-pH meter)의 완충액이 채워진 원통형 초자봉을 피부에 접촉시켜 측정되는 소수점 두 자리까지의 수치로 파악한다.

참고문헌

소병화, <피부효과의 기기평가>, 《한국피부장벽학회지》, 2006, 8:68-75.

보습 및 산도 관련
생체 지표 측정의 장단점

피부의 보습 정도는 표피 표면의 수분 함유량 또는 경표피 수분 손실량을 측정하여 파악한다. 또한 앞서 설명한 보습 관련 생체 지표인 세라마이드, 유리 아미노산, 히알루론산의 함량 측정을 통해서도 피부 보습 정도를 파악할 수 있다.

보습 측정기로 측정하는 수분 함유량이나 경표피 수분 손실량 측정기로 측정하는 수분 손실량은 비침습적 방법으로 간편하게 측정할 수 있다. 그러나 측정 수치가 기후, 습도 등 환경적 요인에 영향을 받으므로 측정하기 30분 전부터 온도와 습도를 일정하게 유지해야 한다. 또한 측정 수치의 재현성이 낮아 여러 번 측정하여 평균값을 대푯값으로 하거나 유효성을 위해 많은 개체가 필요하다.

피부 조직을 취하여 생화학적 방법을 거쳐 세라마이드, 유리 아미노산 및 히알루론산의 함량을 측정하는 것은 측정 수치의 재현성이 높고 정확하기에 유효성을 위해 많은 개체가 필요하지 않다. 인체를 대상으로 피부 조직을 취하는 것은 여러 상황에서 용이하지 않을 수 있는데, 이는 피부 패치(skin patch)나 테이프 박리법(tape stripping)을 이용하여 표피 각질층을 얻는 것으로 보완할 수 있다.

피부 산도는 피부 산도 측정기를 이용하여 비침습적 방법으로 간편하게 측정할 수 있다. 이 경우 측정 수치가 온도, 습도 등 환경적 요인에 크게 영향을 받지 않고 재현성이 높으나, 산도는 변화의 폭이 크지 않으므로 유효성을 위해 많은 개체가 필요하다. 피부 조직을 취하여 생화학적 방법을 거쳐 산도 관련 생체 지표인 젖산, 유리 지방산 및 유리 아미노산의 함량을 측정하는 것은 측정 수치의 재현성이 높고 정확하기에 유효성을 위해 많은 개체가 필요하지 않으나, 분석과 측정에 장시간이 소요된다.

피부 보습이나 피부 산도 개선의 효능이 있는 건강기능식품 소재를 개발할 때 관련 생체 지표의 함량 측정과 더불어 글루코실세라마이드, 스핑고미엘린, 필라그린 등 생체 지표들의 전구물질 함량이나 관련 생체 지표들의 생성 및 분해 관련 효소의 발현 및 활성을 측정하면 효능을 판정하는 데 도움이 된다. 한편 인체를 대상으로 측정하는 피부 보습, 산도, 관련 생체 지표들의 함량은 개인차가 크므로, 군간 비교와 더불어 동일 대상의 섭취 전후 변화에 대한 유효성 파악이 필요하다.

4장.
피부 노화

- 피부의 노화: 자연 노화 및 광노화
- 노화 관련 생체 지표
- 표피, 진피 및 피하지방층의 노화

피부의 노화
자연 노화 및 광노화

피부 노화는 피부가 늙는 현상으로, 크게 내인성 요인에 의한 자연 노화와 환경 인자를 포함한 외인성 요인에 의한 광노화로 나눌 수 있다.

피부 노화를 초래하는 내인성 요인에는 호르몬 감소, 관련 생체 지표들의 발현 및 활성 감소 그리고 피부 주요 세포들의 세포 수 감소가 포함된다. 내인성 요인에 의한 피부의 자연 노화는 잔주름, 탄력 감소, 햇빛에 노출되지 않은 부위의 창백한 피부색을 예로 들 수 있다. 젊고 건강한 표피는 진피와 강하게 연결되고 접촉 면적을 넓히기 위해서 표피와 진피의 경계면이 구불구불한데, 자연 노화가 진행되면 이 경계면이 편평해진다. 그리고 각질형성세포의 분열이 감소하여 세포 수가 감소하고, 표피 두께 또한 감소하여 자극에 약해지고 쉽게 벗겨지게 된다. 햇빛에 노출되지 않은 부위에서는 멜라닌세포 수가 감소하여 멜라닌 생성이 감소하고 피부가 창백해진다.

광노화를 초래하는 대표적인 외인성 요인에는 햇빛, 즉 자외선 (ultraviolet, UV) 조사가 있으며 그 밖에 공기 중의 오염원, 흡연 등이 포함된다. 이와 같은 환경적 외인성 요인에 장기간 노출된 피부에서는

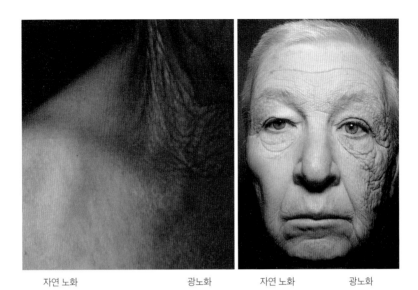

| 자연 노화 | 광노화 | 자연 노화 | 광노화 |

그림 4-1 피부의 자연 노화와 광노화 부위 비교

활성산소종(reactive oxygen species, ROS)이 발생한다. 이는 유사분열 활성화 단백질 인산화 효소(mitogen-activated protein kinase, MAPK)를 비롯한 세포 내 여러 신호 전달 체계의 활성화와 함께 MMP 발현 증가에 따른 콜라겐 분해 증가 등 피부에 여러 가지 변화를 초래한다. 또한 자외선은 피부 내 여러 세포들의 과증식을 초래하여 피부, 특히 표피층이 두꺼워지게 되고, 깊은 주름, 건조하고 거친 피부, 검버섯, 주근깨, 흑자(흑색점) 등의 색소 침착이 발생한다. 그리고 필라그린과 세라마이드 생성을 감소시켜 피부 보습이 감소하고 건조증을 일으킨다.

자외선은 파장에 따라 UVA(315~400nm)와 UVB(280~315nm)로 나뉘는데, 장파장인 UVA의 진피층 투과력이 UVB에 비해 5~10배 높아 광노화의 주요 외인성 요인으로 파악되고 있다. UVB는 UVA에 비해 진피층에 대한 투과력은 상대적으로 낮으나, DNA 변이를 초래하여 주름, 보습 등 관련 생체 지표들의 발현을 변화시키거나 피부암 관련 유전자들의 발현을 증가시킨다. UVA는 진피의 섬유아세포에서 콜라겐의 주요 분해 효소인 MMP-1의 발현을 증가시키고, 히알루론산 합성을 감소시키며, 프로테오글리칸의 조성을 변화시킨다.

공기 중에 떠도는 크기가 $0.1\,\mu m$ 미만인 초미세 입자들은 피부 조직을 통과하여 세포 내 물질들의 산화 대사가 이루어지는 미토콘드리아 기능에 이상을 초래하기도 한다. 또한 공기 중의 오염원이나 흡연에서 발생하는 여러 화학물질은 자외선에 의한 광노화를 더욱 심화시킨다.

참고문헌

Farage MA, Miller KW, Elsner P, et al, <Intrinsic and extrinsic factors in skin ageing: a review>, 《Int J Cosmet Sci》, 2008, 30:87-95.

노화 관련 생체 지표

피부의 자연 노화 및 광노화는 모두 보습 감소, 산도 증가, 주름 생성을 초래한다. 노화에 따른 보습 감소는 3장에서 설명한 바와 같이 보습 또는 경표피 수분 손실량 측정 그리고 세라마이드, 필라그린, 유리 아미노산 및 히알루론산의 함량 변화와 관련 대사 효소들의 발현 변화로 파악할 수 있다.

산도 증가는 산도 측정과 함께 젖산 탈수소 효소의 발현이나 활성 변화에 따른 젖산 함량 변화로 파악할 수 있다. 또한 유리 지방산, 유리 아미노산을 비롯하여 암모니아 및 이산화탄소/탄산수소이온의 함량 변화와 관련 대사 효소들의 발현 변화로도 파악할 수 있다.

노화에 의한 주름 생성은 피부 레플리카(replica) 제작 및 이미지 촬영 후 주름 측정기(skin visiometer) 프로그램을 이용한 주름 깊이 분석과 2장에서 설명한 콜라겐 및 MMP, TIMP 등 주름의 분해 및 분해 억제 관련 효소들의 발현 변화로 파악할 수 있다.

한편 피부(또는 표피) 두께는 자연 노화의 경우에는 감소하는 반면, 광노화의 경우에는 증가하기에 자연 노화와 광노화를 구분하는 생체 지표로 사용할 수 있다. 자외선에 노출된 피부에서는 활성산소종이 생성되고, 심한 경우 피부가 붉어지는 홍반, 화끈거리거나 가려운 소양증이 발생한다. 따라서 피부의 홍반이나 소양증의 정도를 비롯하여 활성산소종을 제거할 수 있는 항산화 효소들의 활성 변화를 광노화 관련 생체 지표로 이용하기도 한다. 피부 조직을 취하여 측정한 표피 와 진피 경계면의 굴곡 정도와 색소 침착 등의 객관적 평가 또한 피부 노화를 파악하는 데 이용할 수 있다.

표피, 진피 및
피하지방층의 노화

표피층에 나타나는 피부 노화는 각질형성세포의 분열 감소에 따른 표피의 두께 변화를 비롯하여 표피와 진피 경계면의 굴곡 감소, 멜라닌세포의 변화, 랑게르한스세포 수 감소 및 피부 장벽 기능 감소를 동반한다.

진피층에서는 노화로 인해 콜라겐 섬유, 탄력 섬유, 글리코사미노글리칸, 프로테오글리칸이 감소한다. 또한 진피층에 존재하는 혈관의 크기와 수가 감소하여 상처가 나면 치유가 더디게 된다.

피하지방층에서는 노화로 인해 트리글리세라이드의 함량이 감소하여 지방층의 두께가 얇아져 체온 조절 기능이 떨어지고 얼굴을 비롯한 몸의 형태가 변하게 된다.

노화가 일어나는 피부에서는 외형적으로 주름이 생성되고 탄력이 감소한다. 또한 검버섯, 주근깨, 흑자 등 색소 침착과 건조함이 증가하고, 자극에 대한 민감도가 증가하며, 비타민 D 합성이 감소한다.

참고문헌
정진호, 《피부노화학》, 도서출판 하누리, 2010.

2부

피부와 영양소

우리 몸의 건강을 유지하려면 탄수화물, 단백질, 지질, 비타민, 무기질, 물 등 6가지 영양소가 모두 균형적으로 필요하다. 피부 건강을 위해서도 마찬가지다. 기존의 영양학이나 피부 미용을 다룬 책들은 열량 생성의 개념에서 주로 이 영양소들의 기능 및 대사를 강조하거나 항산화 비타민, 항산화 무기질 같이 우리 몸의 전반적인 건강 유지를 위한 보편적인 기능을 피부 건강에 적용해 피부와 영양소의 관계를 설명하고 있다. 이 책의 2부에서는 우리 몸의 다른 기관과 구분하여 피부와 관련된 영양소들의 기능 및 대사에 대해 서술하여 건강한 피부를 위한 차별화된 영양소의 기능을 이해하도록 돕고자 한다.

탄수화물, 지방산, 아미노산을 비롯하여 여러 가지 비타민과 무기질은 피부의 보습 유지 및 약산성 산도 유지 관련 생체 지표들의 생성과 피부 세포들의 정상적인 증식 및 분화를 유도한다. 또한 콜라겐 등의 기질을 생성하고 항산화 기능을 통하여 피부 건강을 유지할 뿐만 아니라 자외선에 노출된 피부를 보호한다. 지금부터 6대 영양소인 탄수화물, 단백질, 지질, 비타민, 무기질, 물의 피부 건강 관련 기능을 살펴보자.

5장.
피부와 탄수화물

- 탄수화물: 젖산과 피부 보습 및 산도
- 탄수화물: 이당류 생성 감소와 피부 노화

탄수화물
젖산과 피부 보습 및 산도

탄수화물 섭취 후 혈액에서 증가한 포도당(glucose)은 인슐린이 세포막에 존재하는 인슐린 수용체에 결합한 후 열리는 포도당 수송체(glucose transporter, GLUT)에 의해 세포 내로 유입된다. 포도당은 세포 내에서 완전 연소되면서 다량의 열량을 생성하거나 또는 소량의 열량 생성과 함께 젖산으로 대사된다. 젖산은 우리가 제대로 숨을 쉬지 않거나 필요한 만큼의 산소가 충분히 공급되지 않는 혐기적(anaerobic, 嫌氣的) 상태에서 과격한 운동을 할 때 포도당이 대사되어 소량의 열량 생성과 함께 축적되는 대사체로 인식된다. 오랜만에 힘든 운동을 한 다음 날 느낄 수 있는 근육의 통증은 과도하게 축적된 젖산 때문이다.

반면 피부에서의 젖산은 피부 보습 및 산도 유지 관련 생체 지표의 하나다. 즉, 젖산은 피부 건강을 위해 보습 및 약산성의 산도를 유지하는 기능을 한다. 표피에서는 산소가 잘 공급되는 호기적인 상황에서도 젖산이 활발하게 생성된다. 젖산 생성 효소인 젖산 탈수소 효소의 활성 또한 호기적인 상황에서도 강하게 유지된다. 이는 표피에서 자연보습인자뿐만 아니라 약산성의 산도 유지를 위해 항상 젖산을 필요로 하는 피부의 특성으로 설명할 수 있다.

췌장에서의 인슐린 생성 및 분비 또는 인슐린 수용체의 작용에 이상이 있는 당뇨병 환자는 피부가 건조하다. 이는 포도당이 포도당 수송체를 통해 각질형성세포로 유입되기가 어려워서 세포 내에서의 젖산 생성이 원활하지 않기 때문이다.

한편 무모(無毛) 생쥐를 이용한 동물실험에서 자외선을 조사하자, 피부 보습 감소와 함께 젖산의 함량뿐만 아니라 젖산 탈수소 효소의 발현 및 활성이 감소한 것으로 나타났다.

참고문헌

Halprin KM, Ohkawara A, <Lactate production and lactate dehydrogenase in the human epidermis>, 《J Invest Dermatol》, 1966, 47:222-229.

탄수화물
이당류 생성 감소와 피부 노화

　이당류 형태의 당이 반복적으로 연결된 글리코사미노글리칸의 일종인 히알루론산을 비롯하여 콘드로이틴 황산염, 더마탄 황산염, 헤파란 황산염, 헤파린, 케라탄 황산염 등의 탄수화물은 진피층의 세포 사이를 채워 준다. 또한 수산화기(-OH)가 많은 구조여서 자체 무게의 수십 배에서 1,000배에 이르는 다량의 수분을 흡수하여 피부 보습을 유지하는 기능을 한다. 노화된 피부에서는 글리코사미노글리칸을 구성하는 이당류, 특히 히알루론산 합성이 감소하여 피부 보습이 감소하고, 진피층에 빈 공간이 늘어난다.

6장.
피부와 단백질

- 표피의 유리 아미노산 조성
- 표피의 유리 아미노산: 자연보습인자 및 약산성의 산도 유지 기능

표피의 유리 아미노산 조성

단백질은 우리 몸에 필수적인 영양소로, 섭취 후 소화 과정을 거쳐 구성단위인 아미노산 또는 아미노산이 여러 개 연결된 펩타이드 형태로 분해되어 소장에서 흡수된다. 소장에서는 아미노산 형태보다는 펩타이드 형태의 흡수가 더욱 용이한 것으로 파악된다.

우리 몸을 구성하는 여러 단백질은 총 20가지 아미노산의 조성 및 연결 순서에 따라 특이성을 갖는다. 단백질을 구성하는 20가지 아미노산은 글리신(glycine), 알라닌(alanine), 프롤린(proline), 세린(serine), 트레오닌(threonine), 시스테인(cysteine), 메티오닌(methionine), 아스파라긴(asparagine), 글루타민(glutamine), 페닐알라닌(phenylalanine), 티로신(tyrosine), 트립토판(tryptophan), 류신(leucine), 이소류신(isoleucine), 발린(valine), 아스파르트산(aspartate), 글루탐산(glutamate), 리신(lysine), 아르기닌(arginine), 히스티딘(histidine)이다. 이들은 피부에서 콜라겐, 엘라스틴, 케라틴을 비롯하여 표피의 자연보습인자 및 약산성의 산도 유지 관련 단백질인 필라그린의 구성단위이다.

필라그린은 표피의 과립층에서 10개 이상의 필라그린 단위체가 반복적으로 연결된 필라그린 중합체 형태인 '필라그린 전구 단백질'로 처음 생성된다. 필라그린 전구 단백질은 필라그린 단위체가 2개 또는

3개씩 연결된 필라그린 전구 단백질 분해 중간 대사체를 거쳐 필라그린으로 대사된다. 이어서 필라그린은 펩티딜아르기닌 데이미나제, 카스파제-14 등 다양한 단백질 분해 효소에 의해 분해되어 최종적으로 유리 아미노산으로 분해된다.

3장에서 설명한 바와 같이 표피의 유리 아미노산 조성은 대부분의 유리 아미노산이 일정 범위에서 큰 변화 없이 유지되는 혈액의 유리 아미노산 조성과는 크게 다르다. 구체적으로는 불필수 아미노산인 세린, 프롤린, 글리신이 표피 전체 유리 아미노산의 40% 이상을 차지한다. 글루탐산 및 글루탐산의 대사산물인 PCA, 히스티딘 및 히스티딘의 대사산물인 UCA를 포함해서는 표피 전체 유리 아미노산의 80% 이상을 차지한다. 반면 필수 아미노산인 메티오닌, 페닐알라닌, 트립토판, 발린, 이소류신, 류신은 미량으로 존재하고 시스테인은 표피에 거의 존재하지 않는다. 이 같은 표피의 유리 아미노산 조성은 필라그린 단백질의 아미노산 조성과 유사한 것으로 알려져 있다. 즉, 필라그린은 표피 유리 아미노산의 전구 단백질로, 표피의 유리 아미노산은 필라그린 단백질의 분해에 의해 생성된다.

〈그림 6-1〉은 정상군 및 아토피 피부염이 발병한 동물의 혈액과 표피에서의 아미노산 조성을 비교한 것이다. 혈액의 모든 아미노산의 함량은 25~400μmol/100ml 범위에서 측정된 반면, 표피에서는 글루탐산과 세린의 함량이 6,000μmol/100ml 이상이고, 리신, 글리신, 히스티딘, 아스파르트산, 알라닌 이외의 다른 아미노산은 거의 존재하지 않는다. 아토피 피부염이 발병한 동물 혈액의 유리 아미노산 함량은 알

(A) 혈액의 아미노산 조성

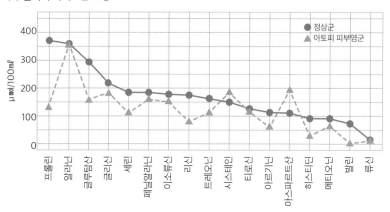

(B) 표피의 아미노산 조성

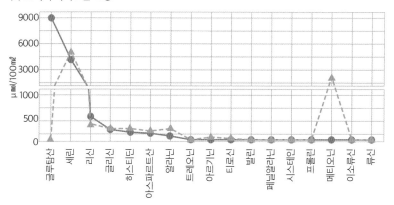

그림 6-1 정상군 및 아토피 피부염이 발병한 동물 모델의 혈액과 표피에서의 아미노산 조성

라닌, 시스테인, 아스파르트산을 제외하고는 전체적으로 정상군에 비해 감소하였다. 표피에서는 주요 유리 아미노산인 글루탐산만이 현저히 감소하였고, 정상군에서는 미량으로 존재하는 메티오닌의 함량

이 증가하였으며, 그 외의 유리 아미노산 함량은 변화가 없었다. 이 연구 결과는 동물 모델의 종간에 아미노산의 조성 차이가 어느 정도는 존재하지만, 표피의 유리 아미노산 조성은 대부분의 유리 아미노산이 일정 범위에서 큰 변화 없이 유지되는 혈액의 유리 아미노산 조성과는 크게 다르며, 아토피 피부염과 같은 피부 질환 발생 시 혈액의 아미노산 조성은 큰 변화가 없는 반면, 표피에서는 보습 감소 및 산도 증가와 함께 주요 구성 유리 아미노산의 함량이 현저히 감소함을 보여 준다.

참고문헌

Rawlings AV, Scott IR, Harding CR, et al, <Stratum corneum moisturization at the molecular level>, 《J Invest Dermatol》, 1994, 103(5):731-741.
김현애, 박경호, 여주홍, 이광길, 정도현, 김성한, 조윤희, <실크 단백질 sericin 및 fibroin의 식이 공급이 아토피 피부염 동물 모델 NC/Nga mice의 혈장과 표피의 유리 아미노산 함량에 미치는 영향>, 《한국영양학회지》, 2006, 39:520-528.

표피의 유리 아미노산
자연보습인자 및 약산성의 산도 유지 기능

표피의 필라그린 및 유리 아미노산의 함량 감소는 피부 보습 감소 및 산도 증가와 일치한다. 자외선 조사로 표피 건조화를 유도하면, 필라그린 발현이 감소할 뿐만 아니라 전체 유리 아미노산 함량과 주요 유리 아미노산인 글루탐산 및 세린의 함량이 민감하게 저하되는 것으로 보고되었다. 이는 표피에서 글루탐산 및 글루탐산의 대사산물인 PCA와 세린이 주요 보습인자로서 표피의 보습 유지 기능을 한다는 것을 의미한다.

한편 기니피그 동물 모델을 대상으로 불포화지방산 결핍을 유도하자, 피부 보습이 감소하고 산도가 증가하였다. 또한 표피의 필라그린 및 필라그린 분해 관련 효소인 펩티딜아르기닌 데이미나제의 발현이 감소하고 산성 유리 아미노산(acidic free amino acids)의 함량도 감소하였다.

혈액 및 타 기관에서의 유리 아미노산은 열량 생성원으로서 서로 유기적인 관계를 유지하고 있는 반면, 표피에서의 유리 아미노산은 열량 생성원의 역할보다는 수분 유지를 위한 보습인자 및 약산성의 산도 유지를 위한 개별적인 독특한 기능을 우선적으로 수행하는 것으로 여겨진다.

참고문헌

Koyame J, Honi I, Kawasaki K, et al, <Free amino acids of stratum corneum as a biochemical marker to evaluate dry skin>, 《J Soc Cosmet Chem》, 1984, 35:183-195.

Kim KP, Jeon S, Kim MJ, et al, <Borage oil restores acidic skin pH by up-regulating the activity or expression of filaggrin and enzymes involved in epidermal lactate, free fatty acid, and acidic free amino acid metabolism in essential fatty acid-deficient guinea pigs>, 《Nut Res》, 2018, 58:26-35.

7장.
피부와 지질

- 오메가-6 불포화지방산과 결핍증
- 오메가-6 불포화지방산의 표피 대사 및 생리 활성
- 오메가-3 불포화지방산과 피부 건강
- 포화지방산과 피부 산도
- 포화지방산과 피부 장벽

오메가-6 불포화지방산과 결핍증

지방산은 구조적으로 이중 결합의 유무에 따라 포화지방산과 불포화지방산으로 나뉜다. 이중 결합이 없는 포화지방산은 상온에서 고체 상태를 유지하며, 삼겹살의 하얀 기름 부분을 예로 들 수 있다. 두 개 이상의 이중 결합이 있는 구조의 불포화지방산은 상온에서 액체 상태를 유지하며, 식용유를 예로 들 수 있다.

포화지방산은 우리 몸에서 합성될 수 있으나, 불포화지방산은 합성이 불가능하여 반드시 식품을 통해 섭취해 주어야 하기에 필수 지방산이라고도 부른다. 불포화지방산은 이중 결합의 위치에 따라 오메가-3(ω-3: 또는 n-3라고도 함) 및 오메가-6(ω-6: 또는 n-6라고도 함) 계열로 나뉘는데, 종류에 따라 급원 유지가 다르다. 오메가-3 불포화지방산은 어유(fish oil) 등에 다량 함유되어 있고, 오메가-6 불포화지방산은 옥수수기름 등에 다량 함유되어 있다.

불포화지방산과 포화지방산은 우리 몸의 모든 조직의 구성 지질에 함유된다. 피부에서도 포화지방산과 불포화지방산이 구성 지질인 인지질, 콜레스테롤 에스테르, 트리글리세라이드, 세라마이드에 함유되어 있다. 불포화지방산의 결핍은 성장 및 생식 기능 저하와 피부, 특히 표피의 지질들에 함유된 지방산의 불포화도 감소를 초래한다. 이는 각질층의 층상 구조 파괴와 표피의 과증식, 염증 및 건조화를 증가시킨다.

정상 표피에서는 오메가-6 계열 불포화지방산인 리놀레산(linoleic acid, LA: 18:2n-6)이 전체 지방산의 20~24%를 차지하는 주요 불포화지방산이다. 피지막의 주요 구성 지질인 세라마이드 1에 에스테르 결합 형태로 함유된 리놀레산이 표피 피지막 층상 구조 유지에 중요하다고 보고되면서, 이를 다량 함유한 옥수수기름이나 홍화유(safflower oil)가 급원 유지로 상용화되었다.

최근에는 오메가-6 계열 불포화지방산의 일종인 감마리놀렌산(γ-linolenic acid, GLA: 18:3n-6) 또한 세라마이드 1에 에스테르 결합 형태로 함유되어 있음이 증명되었다. 감마리놀렌산은 표피 건조화, 가려움 및 염증을 수반하는 아토피 피부염, 건선염 등 다양한 피부 질환을 개선하는 효과가 있고, 피부 노화 억제 효능이 리놀레산보다 더 큰 것으로 알려졌다. 이는 표피에서 생성되는 감마리놀렌산 대사체의 생리활성이 리놀레산을 능가하는 것에서 기인한다. 이에 따라 감마리놀렌산 급원 유지인 보라지유(Borage oil, '지치유'라고도 함) 및 달맞이꽃 종자유(Evening primrose oil)가 국내외에서 대표적인 피부 건강용 건강기능식품 소재로 사용되고 있다.

오메가-6 불포화지방산의
표피 대사 및 생리 활성

    표피, 특히 각질층에서 리놀레산과 감마리놀렌산은 에스테르 결합 형태로 세라마이드에 함유되어 피지막의 층상 구조를 유지하는 한편, 탈포화(desaturation) 및 장쇄(elongation) 효소에 의해 대사될 수 있다. 표피에서의 불포화지방산 대사는 우리 몸의 다른 조직에서와 다른데, 이는 탈포화 효소(desaturase)의 부재와 장쇄 효소(elongase)의 강한 활성으로 설명된다.

    〈그림 7-1〉에서와 같이 섭취된 리놀레산은 표피에서 Δ6 탈포화 과정이 요구되는 감마리놀렌산이나 아라키돈산(arachidonic acid, AA: 20:4n-6)으로 전환되지 않는다. 반면 리놀레산은 지질 산소화 효소(lipoxygenase, LOX)의 기질로서 13-HODE로 불리는 대사체로 전환되는데, 이 대사체는 표피의 과증식을 억제하는 생리 활성이 보고되어 있다. 섭취된 감마리놀렌산은 표피에서 디호모감마리놀렌산(dihomo-γ-linolenic acid, DGLA: 20:3n-6)으로 신속히 전환되나, Δ5 탈포화 과정이 요구되는 아라키돈산으로는 전환되지 않는다. 표피에서 디호모감마리놀렌산은 고리 산소화 효소(cyclooxygenase, COX)에 의해 PGE1로 불리는 대사체로, LOX

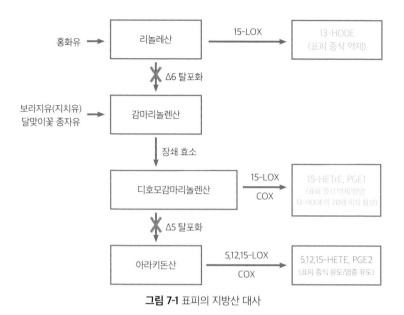

그림 7-1 표피의 지방산 대사

에 의해서는 15-HETrE로 불리는 대사체로 전환되어 표피의 과
증식과 염증을 억제한다. 이들의 활성 효율은 13-HODE에 비해
20배 이상 높은 것으로 알려져 있다. 반면 아라키돈산의 COX 및 LOX
대사체인 PGE2와 HETE는 표피의 증식과 염증을 촉진한다.

표피 과증식은 과다 각질의 원인이 되므로 홍화유, 옥수수유, 보라
지유, 달맞이꽃 종자유를 섭취하면 과다 각질 생성 억제에 도움이 된
다. 또한 이 유지들을 섭취하면 항염 효능도 나타난다.

참고문헌

Chapkin RS, Ziboh VA, Marcelo C, et al, <Metabolism of essential fatty acids by human epidermis enzyme preparations: evidence of chain elongation>, 《J Lipid Res》, 1986, 27:945-954.

오메가-3 불포화지방산과
피부 건강

대표적인 오메가-3 계열 불포화지방산인 에이코사펜타엔산 (eicosapentaenoic acid, EPA: 20:5n-3), 도코사헥사엔산(docosahexaenoic acid, DHA: 22:6n-3), 알파리놀렌산(a-linolenic acid, ALA: 18:3n-3)도 자외 선에 대한 보호 및 면역 억제 효능이 보고되면서 건강한 피부 유지를 위한 기능성 식품 소재로 이용되고 있다. 에이코사펜타엔산과 도코사 헥사엔산의 주요 급원 유지인 어유(대구 간유)를 섭취하면 자외선 조 사에 의한 부종이 감소하고, 아라키돈산에서 생성되는 PGE2, LTB4 등의 대사체 및 인터류킨-1(interleukin-1, IL-1) 등 사이토카인의 생성 을 억제하는 염증 억제 효능이 있다고 알려져 있다. 또한 알파리놀렌 산이 전체 지방산의 21%를 차지하는 아마인유(flaxseed oil)를 섭취하 면 피부의 직접적인 면역 반응을 지연시키는 임상적인 효과가 있다 고 보고되었다. 오메가-3 계열 불포화지방산은 유지 외에 등 푸른 생 선이나 씨앗류 및 견과류에 다량 함유되어 있다.

이와 같이 오메가-6 계열 및 오메가-3 계열 불포화지방산의 피부 과증식 및 염증 억제와 자외선 보호 효능이 알려지면서 건강한 피부 를 위한 식이 소재로 널리 사용되고 있다. 그러나 불포화지방산 섭취 증가는 우리 몸에서 발생하는 활성산소종의 연쇄 반응에 의한 지질의 산화적 분해를 증가시키므로 무조건적으로 과량을 섭취하기보다는 1일 필요량 내에서 섭취하는 것이 중요하다.

참고문헌

Kelley DS, Branch LB, Love JE, et al, <Dietary α-linolenic acid and immunocompetence in humans>, 《Am J Clin Nutr》, 1991, 53:40-46.

Rhodes LE, Durham BH, Fraser WD, et al, <Dietary fish oil reduces basal and ultraviolet B-generated PGE2 levels in skin and increases the threshold to provocation of polymorphic light eruption>, 《J Invest Dermatol》, 1995, 105:532-535.

포화지방산과 피부 산도

　표피 기저층의 주요 지질인 인지질은 표피 분화 과정에서 분해되는데, 이 과정에서 인지질의 지방산들이 유리된다. 인지질에는 포화지방산과 불포화지방산이 함유되어 있기에 유리 시에 이들이 모두 유리 지방산 형태로 전환될 수 있다. 그러나 인지질로부터 유리된 불포화지방산은 트리글리세라이드 및 콜레스테롤 에스테르에 다시 함유되거나, 표피 분화 과정에서 함량이 크게 증가하는 세라마이드의 생성 과정에 재사용되어 유리 지방산으로는 거의 존재하지 않는다. 따라서 표피의 유리 지방산은 주로 포화지방산으로 구성되어 있다. 구체적으로는 팔미트산(palmitic acid, PA: 16:0)과 스테아르산(stearic acid, SA: 18:0) 및 이들 지방산에서 생성되는 단일 불포화지방산의 일종인 올레산(oleic acid, OA: 18:1n-9)이 표피의 주요 유리 지방산이다. 그 외에 탄소 수가 20~24개인 포화지방산이 소량 존재한다. 탄소 수 16~24개 범위의 이들 포화지방산 및 단일 불포화지방산은 각질층 표면이 pH 4.5~6.0 범위의 약산성 산도를 유지하도록 관여한다.

참고문헌

Kim KP, Jeon S, Kim MJ, Cho Y, <Borage oil restores acidic skin pH by upregulating the activity and expression of filaggrin and enzymes involved in epidermal lactate, free fatty acid, and acidic free amino acid metabolism in essential fatty acid-deficient guinea pigs>, 《Nut Res》, 2018, 58:26-35.

포화지방산과 피부 장벽

　표피 분화 과정에서 인지질로부터 유리되는 포화지방산의 일부는 유리 지방산으로서 약산성의 산도 유지 기능을 한다.

　한편, 유리된 포화지방산은 수산화(hydroxylation), 장쇄화(elongation), 탈포화(desaturation) 등의 과정을 거쳐 탄소 수 20개 이상의 긴사슬지방산(long chain fatty acid, LCFA) 및 매우 긴사슬지방산(very long chain fatty acid, VLCFA) 또는 탄소 수 30개 이상의 초장사슬지방산(ultra very long chain fatty acid, UVLCFA)으로 전환되고, 스핑고이드 염기에 아미드 또는 에스테르 형태로 결합하여 다양한 종류의 세라마이드 생성에 재사용된다.

　피지막의 주요 구성 지질인 세라마이드에 함유된 지방산의 불포화도 및 탄소 수(길이)는 피지막의 층상 구조 유지에 영향을 미친다. 즉, 세라마이드에 에스테르 결합 형태로 함유된 지방산은 불포화도가 클수록, 아미드 결합 형태로 함유된 지방산은 길이가 길수록 층상 구조가 잘 이루어져 보습 유지 및 외부 물질이 투과하기 어려운 피부 장벽 기능을 더욱 효율적으로 수행한다.

　표피 피지막의 층상 구조가 파괴되어 있는 아토피 피부염 및 불포화지방산이 결핍된 경우에는 피부 보습과 세라마이드 함량이 감소하고 세라마이드에 아미드 결합 형태로 함유된 지방산의 탄소 길이가 감소함이 보고되었다.

참고문헌

Rabionet M, Gorgas K, Sandhoff R, <Ceramide synthesis in the epidermis>, 《Biochim Biophys Acta》, 2014, 1841:422-434.

8장.
피부와 비타민 및 무기질

- 칼슘 및 비타민 C와 표피 분화
- 비타민 D와 피부 건강
- 비타민 C, 실리콘 및 철분과 콜라겐 합성
- 비타민 A, 베타카로틴, 비타민 C 및 비타민 E: 항산화 기능과 피부 노화 방지
- 비타민 A: 피부 점막 유지 및 피지 분비 조절 기능

칼슘 및 비타민 C와
표피 분화

표피는 기저층에서 분열하여 새롭게 만들어진 각질형성세포가 상층으로 이동하면서 분화한다. 기저층에서 각질층까지 도달하는 동안 각질형성세포는 각질화라는 분화 과정을 거치면서 여러 종류의 케라틴을 포함한 다양한 분화 지표 단백질들을 발현한다.

1980년 이후 표피 분화 과정을 연구한 결과, 칼슘과 비타민 C에 의해 각질형성세포의 분화가 이루어짐을 파악하였다. 즉, 칼슘과 비타민 C가 표피 분화를 유도하는 인자들이다.

칼슘은 우리 몸의 대표적인 무기질 중 하나이다. 우리 몸의 여러 가지 생리 기능을 조절, 유지하는 데 중요한 역할을 하는 무기질은 필요량에 따라 다량 무기질과 미량 무기질로 나뉘는데, 다량 무기질은 1일 필요량이 100mg 이상인 무기질이다. 1일 권장 섭취량이 700mg 이상인 칼슘은 골격과 치아의 구성 성분이며, 근육 수축, 신경의 흥분 억제 및 혈액 응고에 관여하는 다량 무기질로 인식된다.

칼슘은 주로 골격과 치아에 축적되는 것으로 알려져 있으나, 피부에도 다량 축적되어 있다. 구체적으로는 표피 조직에 다량 축적되어 있는데, 표피의 층별로 칼슘의 농도 기울기가 존재한다. 즉, 분화가 진행되는 기저층에서 과립층으로 갈수록 칼슘의 농도가 0.07mM에서 1.2mM로 증가하는 형태의 칼슘 농도 기울기가 존재한다. 이는 직접 각질형성세포를 이용한 시험관 실험에서도 확인된다. 각질형성세포에 0.07~1.2mM 범위의 칼슘을 점진적으로 처리하여 기저층-유극층-과립층으로의 분화를 유도하면, 2장에서 설명한 층별 분화 지표 단백질의 mRNA 발현이 증가한다.

그러나 기저층에서 과립층까지 형성되어 있는 0.07~1.2mM의 칼슘 기울기는 각질층에서는 갑자기 사라진다. 반면 최종 분화가 이루어지는 각질층에는 고농도의 비타민 C가 존재한다. 비타민 C는 항산화 기능이 있는 대표적인 수용성 비타민으로, 피부와 관련해서는 진피층에 존재하는 콜라겐의 합성 증진을 통한 주름 개선 효과 및 항산화에 의한 미백 효과로 알려져 있다. 그러나 피부 내의 비타민 C 농도는 진피 내 농도가 표피 내 농도의 1/6 수준으로, 진피층보다는 피부의 외층인 표피층에서의 비타민 C 함량이 현저히 높다. 이는 비타민 C가 진피층의 콜라겐 합성뿐만 아니라 표피층의 분화와 관련해서도 기능을 한다는 의미이다. 이것은 직접 각질형성세포를 이용한 시험관 실험에서 확인되는데, 각질형성세포에 비타민 C를 처리하여 각질층으로의 분화를 유도하면 각질층의 분화 지표 단백질인 로리크린과 필라그린의 mRNA 발현이 증가한다.

또한 비타민 C는 각질형성세포의 최종 분화 단계에서 이루어지는 세라마이드 생성에도 특이적으로 필요한 것으로 보고되었다. 이는 비타민 C가 비특이적 환원제로서 세라마이드 생성의 수산화 과정에 관여하기보다는 세라마이드 생성 효소의 활성을 특이적으로 증가시키는 조효소로 작용하여 세라마이드 생성을 증가시키는 것으로 설명된다. 아토피 피부염이 발병한 성인 환자의 표피에서는 보습을 비롯하여 세라마이드 함량이 감소해 있으며 피지막의 층상 구조가 파괴되어 있다. 더불어 비타민 C의 혈액 및 표피에서의 농도가 정상 대조군에 비해 현저히 낮다. 이는 비타민 C가 진피에서 항염증, 미백, 주름 개선의 기능을 할 뿐만 아니라, 표피의 정상적 분화 과정에 절대적으로 필요한 영양소임을 의미한다.

참고문헌

황상민, 안성구, 이승헌, <표피 칼슘기울기 변화가 각질형성세포의 분화에 미치는 영향>, 《대한피부과학회지》, 2001, 39:389-401.

Ponec M, Weerheim A, Kempenaar J, et al, <The formation of competent barrier lipids in reconstructed human epidermis requires the presence of vitamin C>, 《J Invest Dermatol》, 1997, 109:348-355.

Shindo Y, Witt E, Han D, et al, <Enzymic and on-enzymic antioxidants in epidermis and dermis of human skin>, 《J Invest Dermatol》, 1994, 102:122-124.

비타민 D와 피부 건강

비타민 D는 자외선을 이용하여 피부에서 합성되는 비타민이다. 그러나 최근 황사, 미세먼지 등 대기 오염이 심해지면서 실내 생활이 증가하고 자외선 차단제 사용이 늘어남에 따라 비타민 D 결핍이 크게 증가하고 있다.

우유, 치즈, 연어, 고등어 등 비타민 D의 급원 식품을 섭취하는 것만으로는 비타민 D 필요량을 충족하기 어렵다. 그러나 1장에서 설명한 바와 같이 자외선에 노출된 피부에서는 필요량 이상의 비타민 D가 합성될 수 있다. 이어지는 간 및 신장에서의 수산화 과정을 통해 활성형 형태의 비타민 D[1,25(OH)₂D₃ 등]가 합성된다. 비타민 D₃는 기존에 알려진 $1,25(OH)_2D_3$ 이외에 $20(OH)D_3$ 및 $20,23(OH)_2D_3$ 등 다양한 활성형 비타민 D₃의 형태로도 대사될 수 있다. 이러한 활성형 비타민 D₃는 우리 몸의 칼슘 항상성을 조절하는 호르몬의 역할을 하나, 피부에서는 표피의 정상적인 증식 및 분화 조절, 자외선으로부터의 보호 등 피부 건강을 유지하는 기능을 한다.

비타민 D는 표피세포에 존재하는 비타민 D 수용체(vitamin D receptor, VDR)나 비타민 A 대사체인 레티노산 수용체(retinoic acid receptor, RAR) 등에 결합하여 핵인자 카파비(Nuclear factor kappa-light-chain-enhancer of activated B cells, NF-κB)의 활성 억제를 통해 표피의 과증식을 억제하고 분화를 유도한다. 또한 비타민 D의 VDR 및 RAR에 대한 결합은 세포 내 항산화 신호 전달 체계를 활성화하여 자외선 조사로 인해 초래되는 표피 장벽 손상을 복구하고, 염증 및 피부암 발병을 억제한다. 자연 노화가 진행되는 피부에서는 비타민 D 합성 및 활성화가 감소하는데, 이는 피부의 정상적인 증식 및 분화 조절과 자외선으로부터의 보호 기능 저하를 초래한다.

참고문헌

Bocheva G, Slominski RM, Slominski AT, <The impact of vitamin D on skin aging>, 《Int J Mol Sci》, 2021, 22:9097.

비타민 C, 실리콘 및 철분과 콜라겐 합성

　보통 '콜라겐 합성에 관여하는 영양소' 하면 비타민 C를 쉽게 떠올릴 것이다. 앞서 설명한 바와 같이 비타민 C는 콜라겐의 합성을 증가시킨다. 비타민 C는 콜라겐에 다량 함유된 아미노산인 프롤린이나 리신 부위의 수산화 과정에 관여한다. 프롤린 수산화 효소(prolyl hydroxylase) 또는 리신 수산화 효소(lysyl hydroxylase)는 프롤린이나 리신 부위의 수산화 과정에 관여하는 효소인데, 비타민 C는 조효소로서 이 효소들의 활성 유지에 필요하다. 또한 비타민 C 이외에 철분(iron, Fe)과 실리콘(silicon, Si)도 이 효소들의 활성 유지에 필요한 조효소이다.

　〈그림 8-1〉(프롤린 수산화 효소의 예시)에서와 같이 수산화 효소는 2가 상태의 철분(Fe^{2+})이 느슨하게 결합하고 있어야 활성형 효소로 작용하며, 철분이 3가 상태(Fe^{3+})로 변하면 활성이 없어진다. 비타민 C는 수산화 효소에 결합되어 있는 철분을 환원형인 Fe^{2+}로 유지시켜 효소를 활성화하며, 실리콘은 수산화 효소의 최대 활성 유지를 위해 필요하다. 즉, 비타민 C뿐만 아니라 철분과 실리콘도 프롤린 수산화 효소 및 리신 수산화 효소의 조효소로서 프롤린과 리신 부위의 수산

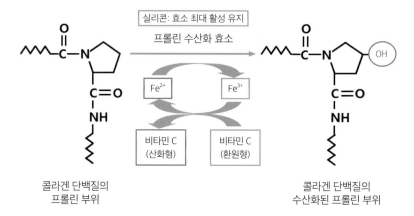

그림 8-1 콜라겐 합성 - 프롤린 수산화 관련 영양소

화를 도모하여 콜라겐 섬유상 단백질의 3중 나선 구조 형성으로 안정화를 유도한다.

또한 감귤류, 딸기, 레몬, 양배추, 고추 등에 다량 함유된 비타민 C는 항산화제로서 자외선에 노출된 피부 조직에서 발생하는 활성산소종에 의한 콜라겐 섬유의 손상을 억제한다.

쌀, 보리, 귀리 등의 곡류와 카레 가루 등 육류보다는 주로 식물성 식품에 다량 함유된 실리콘은 1일 필요량이 $1mg$ 미만인 초미량 무기질(ultratrace mineral)로, 뼈의 정상적인 성장과 발달 및 연골 등 섬유성 결합 조직 형성에 필요하다고 알려져 있다. 최근 연구들은 실리콘 섭취가 콜라겐 합성을 증가시키며, 프롤린 수산화 효소 및 리신 수산화 효소의 최대 활성 유지에 필요함을 보고하였다.

육류 및 어패류에 다량 함유된 철분은 1일 필요량이 $100mg$ 미만인

미량 무기질로, 비타민 C 그리고 실리콘과 더불어 프롤린 수산화 효소 및 리신 수산화 효소의 최대 활성 유지를 위해 필요하다.

우리 몸에서 영양소의 기능은 1일 필요량의 많고 적음과 무관하게 모두 중요하다. 즉, 비타민 C와 철분 및 실리콘 등 3가지 영양소 모두 콜라겐 합성 증가에 꼭 필요한 중요한 영양소이다.

참고문헌

Berg RA, Kerr JS, <Nutritional aspects of collagen metabolism>, 《Annu Rev Nutr》, 1992, 12:369-390.
Pinnell SR, Murad S. Darr D, <Induction of collagen synthesis by ascorbic acid. A possible mechanism>, 《Arch Dermatol》, 1987, 123:1684-1686.
Seaborn C, <Silicon deprivation decreases collagen formation in wounds and bone, and ornithine transaminase enzyme activity in liver>, 《Biol Trace Elem Res》, 2002, 89:251-261.

비타민 A, 베타카로틴, 비타민 C 및 비타민 E
항산화 기능과 피부 노화 방지

햇빛 또는 자외선에 노출된 피부에서는 활성산소종이 쉽게 증가한다. 활성산소종은 세포막을 파괴하고, 피부 진피의 콜라겐, 엘라스틴 같은 섬유상 단백질을 손상시킬 뿐만 아니라 합성을 감소시키고 불규칙한 색소 침착과 잔주름을 발생시킨다.

결핍 시 야맹증을 유발한다고 알려진 비타민 A와 비타민 A의 전구체인 베타카로틴(β-carotene)은 항산화제로서 피부에서 생성되는 활성산소종을 제거하는 기능도 한다. 그에 따라 피부의 색소 침착과 주름 형성을 억제하여 피부 미용 효과를 나타낸다. 비타민 A는 간, 생선, 생선 기름, 달걀 등 동물성 식품이 급원 식품인 반면 베타카로틴은 당근, 시금치, 단호박 등 식물성 식품에 다량 함유되어 있다.

비타민 E(Tocopherol) 역시 비타민 A와 유사한 항산화제 기능을 가지고 있어 활성산소종을 제거하여 콜라겐, 엘라스틴 같은 섬유상 단백질의 손상과 색소 침착을 억제한다. 또한 비타민 E는 건조한 피부 및 일광에 의한 피부병 관리에 사용된다. 옥수수, 대두 등의 식물성 유지나 땅콩 등이 비타민 E의 급원 식품이다.

비타민 A와 E는 기름에 녹는 성질을 가진 지용성 항산화 비타민이고, 비타민 C는 물과 같은 수용성 환경에서 비특이적 환원제로서 항산화 기능을 한다. 비타민 C는 비타민 A 및 E와 함께 활성산소종을 제거하여 섬유상 단백질의 손상과 색소 침착을 억제한다. 수용성 비타민인 비타민 C는 레몬, 오렌지, 풋고추, 딸기 등의 채소와 과일에 다량 함유되어 있는데 저장 방법, 조리 및 가공 과정에서 손실되기 쉬우므로 조리 시간을 최대한 단축하고 가급적 통째로 조리하는 것이 좋으며, 즉시 사용하기 어려운 경우에는 냉장 보관하는 것이 좋다.

비타민 A
피부 점막 유지 및 피지 분비 조절 기능

비타민 A는 피부에서 활성산소종을 제거하는 항산화제의 기능을 할 뿐만 아니라, 트레티노인(tretinoin)이라고도 하는 전-트랜스 레티노산(all trans retinoic acid, ATRA)으로 대사된다. ATRA는 해당 수용체인 레티노산 수용체(RAR)나 레티노이드 X 수용체(RXR)에 결합하여 표피 분화와 관련된 여러 유전자들의 전사(transcription)를 조절해 정상적인 표피의 분화 및 피부 점막을 유지하는 기능을 한다.

비타민 A가 부족한 피부에서는 점액 분비 감소와 함께 건조화 및 노화가 유발된다. 한편 비타민 A 과잉 섭취는 피지 분비를 억제하여 여드름 증상을 개선한다는 효능이 보고되어 있는데, 이는 식품으로부터 섭취 가능한 수준 이상인 고농도의 약리학적 기능이다. 이를 이용하여 여드름 치료제로서 고용량의 비타민 A를 함유한 약제가 개발되어 있다. 그러나 이는 가려움, 피부 박리, 입술의 균열과 같은 피부에서의 손상을 비롯하여 지방간 및 임신부의 기형아 출산 등 심각한 부작용을 동반하므로 사용 용량에 주의가 필요하다.

참고문헌

이숙경, 《피부미용과 영양》, 도서출판 정담, 2000.

9장.
피부와 물

- 물 섭취와 피부 보습

물 섭취와 피부 보습

　여섯 번째 영양소로 분류되는 물은 인체의 60~70%를 차지하는 주요 영양 성분이지만, 우리 몸에는 수분 저장고가 없기에 자주 공급해 주어야 한다. 우리 몸은 다른 영양소의 공급이 중단된 경우 2~3개월을 버틸 수 있으나, 수분은 10%만 손실되어도 (약 3~4일이 지나면) 생명을 유지하기가 어렵다. 그러므로 물은 산소 다음으로 생명체에 가장 중요하고 필수적인 영양소이다.

　물은 우리 몸에서 체온 조절, 영양소 및 노폐물 운반, 소화, 흡수 및 다양한 대사 반응의 용매 기능을 한다. 피부와 관련하여 물은 보습 유지를 위해 필요하다. 건강한 피부는 15~20%의 수분을 함유하고 있다. 수분이 10% 이하로 감소하면 피부가 건조해지고 감염이 증가하여 피부의 건조화 및 염증이 초래되며, 2차적으로는 표피 과증식이 발생하여 각질이 증가하고 피부가 거칠어지며 진피에서는 주름이 증가한다.

　우리 몸은 하루에 2,000ml, 즉 2l 이상의 수분을 배출하는데, 이중 피부 호흡을 통해 600ml가 배출된다. 우리 몸에는 섭취하는 열량을 기준으로 1$kcal$당 약 1ml의 수분이 필요하다. 하루에 필요한 열량이 2,000$kcal$ 이상이므로 적어도 2,000ml, 즉 2l의 수분 섭취가 권장

된다. 그러나 한국인의 평균 물 섭취량은 성인 남성 1*l*, 성인 여성 860*ml* 수준으로, 권장량에 크게 못 미치는 실정이다. 따라서 갈증을 느끼지 않더라도 습관적으로 그리고 의도적으로 충분한 양의 물을 마시는 것이 필요하다. 또한 건조한 환경에서는 크림 등의 보습제를 사용하여 피부에 얇은 보호막을 형성하여 피부의 수분 손실을 억제해 주는 것이 바람직하다.

참고문헌

Rawlings AV, Harding CR, <Moisturization and skin barrier function>, 《Dermatol Ther》, 2004, 17(suppl 1):43-48.

3부

피부 건강과 식품 영양

"피부에 좋은 음식은 무엇인가요?" "아토피 피부염이 있는데, 무엇을 먹으면 좋아질까요?" "저희 아이가 여드름이 심한데, 여드름 안 나게 하는 식품이나 영양소가 있나요?"

이는 피부 건강을 위한 영양소와 식품을 연구하는 필자가 자주 받는 질문들이다. '피부에 좋은 음식'을 검색해 보면, 생선, 아보카도, 호두, 해바라기씨, 고구마, 빨간색 또는 노란색 피망, 브로콜리, 토마토, 녹차와 같은 채소와 과일이 주로 나오고, 육류보다는 생선이 좋다는 정보를 얻는다. 이들은 항산화 영양소를 함유하거나 혈행 개선 등의 효능을 지닌 다른 많은 식품처럼 일반적으로 건강에 좋은 경우가 대부분이다. 정말 피부 건강에 도움이 되는 영양소나 식품이 있을까? 이에 대한 대답은 부분적으로는 '예'이고 부분적으로는 '아니요'이다. 즉, 건강에 좋은 식품이나 영양소가 피부에도 좋을 수 있고, 반면 우리 몸의 다른 기관과 구분하여 유달리 피부 건강에 도움이 되는 특정 식품이나 영양소도 있다.

3부에서는 대표적인 만성 피부 질환인 여드름과 아토피 피부염에 도움이 되는 식품과 영양소에 대하여 과학적 근거를 바탕으로 보고된 연구 결과들을 우선 서술한다. 이어서 피부 보습 유지, 산도 개선 등 피부 건강에 도움이 되는 식사 패턴을 설명하고자 한다. 우리가 실제로 음식을 섭취할 때는 특정 식품이나 영양소를 개별적으로 섭취하지 않기에 개별 식품이나 영양소와 차별화하여 여러 가지 식품을 같이 섭취하는 개념의 식사 패턴에 대한 연구 보고가 우리 실생활에 더욱 와닿을 것으로 기대한다.

10장.
여드름과 식품 영양

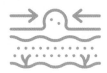

- 여드름의 생성 원인
- 여드름의 생성 기전
- 피지 분비를 자극하는 호르몬 및 관련 신호 전달 체계
- 여드름을 악화하는 영양소와 식품 소재
- 여드름과 피지 분비를 개선하는 기존 치료법
- 여드름과 피지 분비를 개선하는 영양소와 식품 소재

여드름의 생성 원인

　대표적인 만성 염증성 피부 질환인 여드름은 주로 10대에 발생하여 20대 중반에 쇠퇴하나, 일부에서는 40대 이상까지 지속되기도 한다. 여드름은 활동적인 10~30대의 연령대에서 주로 얼굴 부위에 발병하며 흉터를 남기기도 하기에 심리적, 정서적 측면뿐만 아니라 대인 관계와 사회생활에도 부정적인 영향을 끼칠 수 있어 생성 억제 및 치료가 필요하다.

　여드름 생성에는 4가지 요인이 관여한다. 첫 번째 요인은 모공 내의 각질 과다 생성 및 축적이며, 두 번째 요인은 호르몬 변화에 의한 피지 생성 및 분비 증가이다. 세 번째 요인은 피부에 상주하는 박테리아인 큐티박테리움 아크네스[*Cutibacterium acnes*, *C. acnes*; 이전에는 프로피오니박테리움 아크네스(*Propionibacterium acnes*, *P. acnes*)로 불림]의 증식과 활동이며, 네 번째 요인은 여드름 병변 부위의 염증 발생이다.

참고문헌

Kurokawa I, Danby FW, Ju Q, et al, <New developments in our understanding of acne pathogenesis and treatment>, 《Exp Dermatol》, 2009, 18:821-832.

여드름의 생성 기전

　피부의 모낭세포는 표피의 각질형성세포들처럼 꾸준히 만들어져 교체되고, 주로 모낭세포 주위에 존재하는 피지선에서는 피지가 끊임없이 분비된다. 오래된 모낭세포들은 피지와 함께 피부 바깥으로 배출된다. 사춘기 이후 증가한 성호르몬은 피지 생성 및 모낭벽의 각화를 촉진하여 피지와 각질이 피부 밖으로 배출되기 어렵게 만들며, 이 물질들이 모낭관을 막게 되면 여드름의 기본적 병변인 면포(comedo)가 형성된다.

　면포는 개방 면포와 폐쇄 면포의 두 종류로 나뉜다. 모낭의 입구 쪽

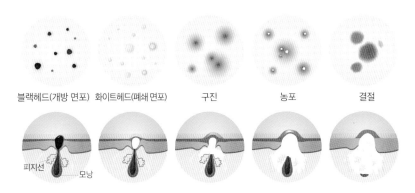

| 블랙헤드(개방 면포) | 화이트헤드(폐쇄 면포) | 구진 | 농포 | 결절 |

피지선　　모낭

그림 10-1 여드름의 유형 및 단계

이 닫혀서 모낭 아래쪽에 각질과 피지가 축적되어 있는 폐쇄 면포에서는 주로 염증성 병변이 생성된다. 폐쇄 면포의 혐기성 조건은 모낭 내에 세균이 과다 증식할 수 있는 이상적인 조건이다. 과다 증식한 큐티박테리움 아크네스(C. acnes)는 축적된 피지를 영양분으로 이용하며, 이들의 대사산물이 염증을 일으켜 구진(papule), 농포(pustule) 등의 염증성 병변이 발생한다. 염증성 병변은 모낭 내에 각질과 피지가 증가함에 따라 점점 커지고 깊어지면서 결절(nodule) 및 낭종(cyst)이 형성된다.

비염증성 병변인 면포를 비롯하여 염증성 병변인 구진, 농포, 결절 및 낭종의 개수를 파악하여 여드름의 중증도를 파악할 수 있다.

참고문헌

Kurokawa I, Danby FW, Ju Q, et al, <New developments in our understanding of acne pathogenesis and treatment>, 《Exp Dermatol》, 2009, 18:821-832.

피지 분비를 자극하는
호르몬 및 관련 신호 전달 체계

　피지 생성 및 분비 증가는 여드름이 생성되는 주요 요인이다. 트리글리세라이드, 유리 지방산, 콜레스테롤, 콜레스테롤 에스테르, 스쿠알렌 등 여러 지질의 혼합체인 피지는 피지세포(sebocyte)에서 생성, 분비된다. 이 과정에는 다양한 호르몬들에 의한 포스파티딜이노시톨 3-인산화 효소(phosphatidylinositol 3-kinase, PI3K)/단백질 인산화 효소 B(protein kinase B, Akt)/표유류 라파마이신 표적단백질 1[mechanistic(formerly mammalian) target of rapamycin complex 1, mTORC1] 신호 전달 체계의 활성화 및 스테롤 조절 요소 결합 단백질 1(sterol regulatory element-binding protein-1, SREBP-1) 등 여러 전사 인자들이 관련된다.

　테스토스테론(testosterone), 디하이드로테스토스테론(dihydrotestosterine, DHT) 등 남성 호르몬의 작용을 발휘하는 안드로겐(androgen)은 수용체에 결합하여 피지세포의 과증식을 유도하거나 PI3K/Akt/mTORC1 신호 전달 체계 활성화 및 SREBP-1의 발현을 증가시켜 궁극적으로 피지 생성 및 분비를 증가시킨다. 이는 사춘기 청소년들에게 여드름이 발생하는 원인이 된다.

인슐린 호르몬 또한 피지세포의 PI3K/Akt/mTORC1 신호 전달 체계를 활성화해 여드름을 악화시킨다. 이는 인슐린 호르몬에 의한 해당 수용체의 활성화에 의해 직접적으로 또는 인슐린 유사 성장인자-1(insulin like growth factor 1, IGF-1) 발현 증가를 통한 2차적인 PI3K/Akt/mTORC1 신호 전달 체계 활성화에 의한 것으로 설명된다. 즉, 인슐린 분비와 함께 증가하는 인슐린 유사 성장인자-1은 해당 수용체에 결합한 후 PI3K/Akt/mTORC1 신호 전달 체계를 활성화하여 피지선의 과증식과 피지 생성을 증가시킨다.

참고문헌

Melinik BC, \<Acne vulgaris: The metabolic syndrome of the pilosebaceous follicle\>, 《Clin Dermatol》, 2018, 36:29-40.

여드름을 악화하는
영양소와 식품 소재

    스트레스, 수면 부족, 화장품, 피부 자극, 햇빛, 계절적으로는 피지 분비가 왕성해지는 여름, 화학물질, 호르몬 변화를 초래하는 약물이나 생리 주기 등등 다양한 환경적, 심리적 요인들이 여드름을 악화시킨다. 여러 연구를 통해 특정 식품 또한 여드름을 악화하는 것으로 밝혀졌다.

    설탕이나 단순당이 많이 함유되어 있어 당부하지수(glycemic load, GL)가 높은 식품은 여드름을 악화시킨다. 당부하지수는 섭취한 식품이 얼마나 빨리 혈당(혈액 속 포도당) 수치를 올리는지를 나타내는 지표인 당지수(glycemic index, GI)에 1회 섭취 분량에 함유된 탄수화물의 양을 고려하여 혈당을 예측하는 값이다.

    설탕이나 단순당을 섭취한 후에는 혈당이 빨리 올라가고 이어서 인슐린 분비가 신속히 증가한다. 인슐린 분비 증가와 함께 혈액 내에 머물고 있던 포도당이 피지세포의 세포막에 존재하는 포도당 수송체(glucose transporter, GLUT)를 통해 세포 내로 유입되어 5'-아데닐산 활성 단백질 인산화 효소(5'-adenosine monophosphate-activated protein kinase, AMPK)의 활성을 억제한다. 이는 2차적으로 PI3K/Akt/mTORC1

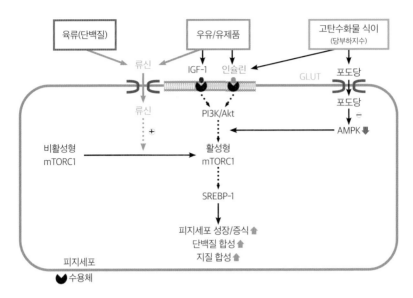

그림 10-2 여드름을 악화시키는 영양소 및 식품 소재의 관련 신호 전달 체계

신호 전달 체계를 활성화하고 SREBP-1의 발현을 증가시켜 궁극적으로 피지 생성을 증가시킨다.

우유나 유제품도 여드름을 악화시킨다. 우유 및 유제품을 섭취하면 인슐린과 인슐린 유사 성장인자-1(IGF-1)의 분비가 증가하고, 이들은 PI3K/Akt/mTORC1 신호 전달 체계 활성화 및 SREBP-1의 발현을 증가시켜 피지 생성이 증가한다.

단백질 급원 식품인 육류와 우유 및 유제품에 다량 함유된 아미노산의 일종인 류신도 여드름을 악화하는 영양소로 파악된다. 화학 구조가 곁가지(branched) 모양이어서 곁가지 아미노산(branched amino acid, BCAA)으로 분류되는 류신은 주로 근육에서 대사되어 열량을 생성하기에, 경기력을 향상시키고 근육을 키우려는 운동선수들이 관심을 갖는 아미노산이다. 류신은 피부에서 피지 생성을 촉진한다. 피지 세포에 유입된 류신은 PI3K/Akt의 순차적인 활성화 없이 직접적으로 mTORC1을 활성화하여 피지 생성을 증가시킨다.

여러 연구 결과에 따르면, 초콜릿처럼 단순당이 많이 함유되어 있어 섭취 시 혈당을 신속하게 증가시키는 식품이나 고단백질이 함유된 육류 및 우유/유제품은 섭취 후 〈그림 10-2〉와 같은 기전에 의해 피지 생성을 증가시켜 여드름을 악화할 수 있다.

참고문헌

Melnik BC, <Dietary intervention in acne. Attenuation of increased mTORC1 signaling promoted by western diet>, 《Dermato-Endocrinology》, 2012, 4:20-32.

여드름과 피지 분비를 개선하는 기존 치료법

　여드름 생성 억제 및 치료를 위해 도포제, 경구 제재, 압출 등의 외과적 치료 및 광치료를 포함한 다양한 방법이 상용되고 있다. 살리실산(salicylic acid), 벤조일 페록사이드(benzoyl peroxide), 레티노이드(retinoid), 외용 항생제는 대표적인 도포제이다. 이들은 모공을 막고 있는 각질을 용해하거나, 큐티박테리움 아크네스(C. acnes)의 증식을 억제하거나, 항염증 작용을 한다. 항생제나 레티노이드가 경구 제재로 사용되기도 하는데, 특히 경구용 레티노이드는 피지선의 크기를 줄여 피지 분비를 감소시킨다. 다양한 파장의 광치료 또한 과도한 피지선을 감소시키거나 C. acnes 박테리아의 증식을 억제하는 효능이 있어 여드름 치료에 이용되고 있다. 그러나 비용 면에서 고가이고 피부가 건조해지게 하며, 예민도를 증가시키고, 치료 효과 외에 여러 가지 부작용을 수반하기에 안전하게 장기간 사용할 수 있는 대체법이 요구된다.

참고문헌

Kurokawa I, Danby FW, Ju Q, et al, <New developments in our understanding of acne pathogenesis and treatment>, 《Exp Dermatol》, 2009, 18:821-832.

여드름과 피지 분비를 개선하는 영양소와 식품 소재

여드름 개선과 피지 분비 억제를 위한 기존 치료법의 단점을 보완하고, 장기간 안전하게 사용할 수 있는 대체 방법으로 특정 영양소나 식품에 대한 관심이 커지고 있다.

앞서 기술한 대로 초콜릿처럼 혈당을 신속하게 증가시키는 당부하지수가 높은 식품이나 류신이 다량 함유된 육류 등의 고단백질 식품은 여드름과 피지 분비를 악화하는 것으로 알려져 있다. 이와 반대로 레드 와인이나 포도 껍질에 함유된 폴리페놀 화합물인 레스베라트롤(resveratrol) 및 녹차의 주요 카테킨 성분인 에피갈로카테킨 3-갈레이트(epigallocatechin 3-gallate, EGCG)는 항산화 효과가 있을 뿐만 아니라, PI3K/Akt/mTORC1 신호 전달 체계 및 SREBP-1의 발현을 억제해 궁극적으로 피지 생성을 억제하는 효능이 있다.

또한 에이코사펜타엔산, 도코사헥사엔산, 알파리놀렌산 등 오메가-3 계열의 불포화지방산은 염증 완화 효능이 있어 여드름 상태 개선을 위한 기능성 식이 소재로 이용되고 있다. 에이코사펜타엔산과 도코사헥사엔산의 주요 급원 유지인 어유를 섭취하면 PGE2, LTB4 등 아라키돈산에서 생성되는 염증 유발 대사체 및 인터류킨-1 등 사이토카인의 생성을 억제하여 궁극적으로 염증을 완화하고 여드름 개선에 도움이 된다고 알려져 있다. 그 밖에 8장에서 약리학적 작용으로 설명한 고농도의 비타민 A에 의한 피지 분비 억제 효능은 비타민 A의 대사체인 전-트랜스 레티노산(ATRA)의 5'-아데닐산 활성 단백질 인산화 효소(AMPK) 활성화를 통한 PI3K/Akt/mTORC1 신호 전달 체계 억제에 의한 것으로 파악된다.

최근에는 락토바실러스 플란타룸(*Lactobacillus plantarum*, *L. plantarum*) 등의 특정 유산균이나 항산화 비타민 섭취 또한 염증 완화와 여드름 개선에 도움을 준다고 보고되었다.

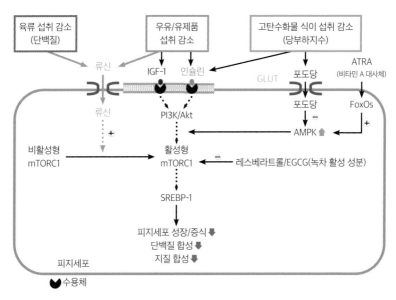

그림 10-3 여드름과 피지 분비를 개선하는 영양소 및 식품 소재의 관련 신호 전달 체계

참고문헌

Kwon HH, Yoon JY, Hong JS, et al, <Clinical and histological effect of a low glycemic load diet in treatment of acne vulgaris in korean patients: a randomized, controlled trial>, 《Acta Derm Venereol》, 2012, 92:241-246.

Lee YB, Byun EJ, Kim HS, <Potential role of the microbiome in acne: a comprehensive review>, 《J Clin Medicine》, 2019, 8:987.

11장.
아토피 피부염과 식품 영양

- 아토피 피부염의 생성 기전
- 아토피 피부염을 개선하는 영양소와 식품의 효능 및 기전:
  유산균(프로바이오틱스, 프리바이오틱스)
- 아토피 피부염을 개선하는 영양소와 식품의 효능 및 기전:
  감마리놀렌산
- 아토피 피부염을 개선하는 영양소와 식품의 효능 및 기전: 비타민 D
- 아토피 피부염을 개선하는 영양소와 식품의 효능 및 기전:
  항산화 비타민과 무기질

아토피 피부염의 생성 기전

아토피 피부염은 가려움, 붉은 피부와 진물, 갈라지고 두꺼워진 피부가 특징인 대표적인 피부 염증 질환이다. 아토피 피부염은 특히 영·유아기에 많이 발생하며, 소아의 10~20%, 성인의 1~3%가 아토피 피부염을 앓고 있는 것으로 파악된다. 아토피 피부염 발병에는 피부 장벽 및 면역 이상을 유발하는 유전적인 요인과 알레르기 유발 음식, 스트레스, 생활습관, 환경 등 외부적인 요인이 복합적으로 작용한다. 피부 장벽의 파괴는 염증을 유발하고, 염증의 심화는 피부 장벽 파괴를 유발하는 악순환이 반복되며 질병이 악화된다.

아토피 피부염의 진단은 피부 소양증(간지러움), 천식 및 비염 등 타 알레르기 관련 질환의 이력과 가족력, 특징적인 피부염의 모양 및 범위를 기준으로 이루어진다. 아토피 피부염의 중증도를 평가하는 지표로는 전문의가 피부 병변의 범위와 심각성을 평가하여 점수화하는 'SCORing of Atopic Dermatitis(SCORAD)' 점수가 대표적이다. 아토피 피부염은 알레르기와 밀접한 관련을 보이기 때문에 보조적 검사로 알레르기 유발 물질을 검사하는 피부 단자 검사 및 면역 관련 혈액의 생체 지표인 혈중 면역글로불린 E(Immunoglobulin E, IgE) 검사를 시행하기도 한다. IgE는 알레르기를 유발하는 항체로, 대부분의 아토피 피

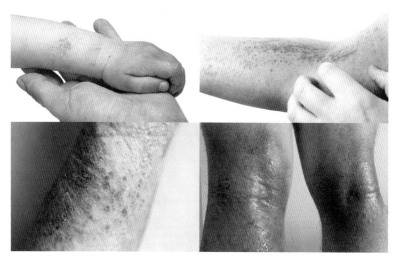

그림 11-1 아토피 피부염

부염 환자는 IgE가 증가해 있다.

　아토피 피부염은 계속해서 새로운 치료제가 개발, 사용되고 있지만 아직까지도 모든 경우에 적용할 수 있는 확실하고 완벽한 치료제는 없는 실정이다. 또한 대표적인 치료제인 스테로이드제는 장기간 사용 시 부작용이 뒤따르기 때문에, 아토피 피부염 환자나 피부염을 가진 아이를 둔 부모는 대증요법이나 건강기능식품 등에 많은 관심을 가지게 되는 것이 현실이다. 그러나 좋다고 추천되는 수많은 식품이나 영양소 중 실제 과학적 근거가 있는 경우는 그리 많지 않다. 본 장에서는 지금까지 연구된 과학적 근거를 바탕으로 도움이 될 수 있는 식품과 영양소를 살펴보고자 한다.

아토피 피부염을 개선하는
영양소와 식품의 효능 및 기전
유산균(프로바이오틱스, 프리바이오틱스)

프로바이오틱스(probiotics)와 프리바이오틱스(prebiotics)를 아우르는 유산균은 가장 활발하게 연구되고 있는 대표적인 식품 소재로, 건강에 관심이 있는 사람이라면 한 번쯤은 들어 본 익숙한 단어들일 것이다. 특히 프로바이오틱스는 우리가 흔히 먹는 요구르트 등에도 표시되어 있고 광고에 많이 등장하기에 대부분 익숙할 것이다. 프로바이오틱스는 섭취 시 건강에 도움을 줄 수 있는 살아 있는 유익균을 의미하는데, 락토바실러스(Lactobacillus) 같은 유산균이 대표적이다.

프리바이오틱스는 쉽게 말해 우리 장 속에 존재하는 유익균의 먹이가 되는 영양소를 말한다. 우리가 섭취하였을 때 위에서 소화 및 흡수되지 않은 채로 장까지 도달하여 유익균들의 먹이로 이용될 수 있는 난소화성 탄수화물이 대부분으로, 주변에서 쉽게 접할 수 있는 올리고당 등이 대표적인 프리바이오틱스의 예다.

즉, 프로바이오틱스와 프리바이오틱스 모두 장의 환경을 건강하게 만드는 역할을 하는데, 프로바이오틱스는 직접 유익균을 투입하는 것이고, 프리바이오틱스는 유익균의 먹이를 공급하는 것이다. 따라서

이 둘을 같이 섭취하는 것이 가장 이상적이다.

그렇다면 프로바이오틱스 및 프리바이오틱스 섭취로 장을 건강하게 만드는 것이 피부, 특히 아토피 피부염과 어떠한 관계가 있을까?

아토피 피부염은 알레르기와 밀접한 관련이 있는 질병이다. 알레르기는 외부 항원이 피부를 자극하여 발생하기도 하지만, 우리가 섭취하는 식품이 장을 자극하여 발생하기도 한다. 실제로 아토피 피부염 환자나 알레르기 환자에게서는 장 누수(leaky gut)가 쉽게 발견되는데, 이런 경우 외부 음식물 등이 정상적이지 않은 방법으로 흡수되어 알레르기와 염증을 유발하게 된다. 이러한 염증은 전신으로 퍼져 피부에도 염증을 유발한다. 따라서 프로바이오틱스와 프리바이오틱스 섭취는 장의 유익균 증가를 통해 장 건강을 증진하여 장 누수나 알레르기를 막고, 면역 체계 조절 및 염증 감소를 통해 아토피 피부염을 완화할 수 있다.

그러나 다양한 종류의 프로바이오틱스 및 프리바이오틱스가 모두 아토피 피부염에 좋은 효과를 보이는 것은 아니다. 특히 프로바이오틱스 제품의 경우 사용한 균주에 따라 다양한 종류의 제품이 시판되고 있기 때문에 구매하기 전에 '면역과민반응에 의한 피부 상태 개선에 도움을 줄 수 있음'의 기능성 여부(식품이므로 질병 치료를 언급할 수는 없음)를 확인하는 것이 중요하다(자세한 내용은 이 책의 '1부: 피부 건강을 위한 건강기능식품의 이해'를 참고).

한편, 쉽게 음식으로 섭취할 수 있는 요구르트와 우리 고유의 발효식품인 김치, 섬유소와 프리바이오틱스가 풍부한 채소, 해조류를 많

프로바이오틱스   프리바이오틱스

| 유제품 | 김치 | 된장 | 대파 | 바나나 | 마늘 |

| 템페 | 피클 | 콤부차 | 베리류 | 토마토 | 양파 |

그림 11-2 프로바이오틱스 및 프리바이오틱스가 풍부한 음식

이 섭취하는 것이 아토피 피부염 예방 및 완화에 도움을 줄 수 있는 좋은 식사 습관이라고 할 수 있다.

아토피 피부염을 개선하는 영양소와
식품의 효능 및 기전
감마리놀렌산

    오메가-6 불포화지방산의 일종인 감마리놀렌산은 프로바이오틱스가 최근에 큰 주목을 받기 전까지 아토피 피부염과 관련하여 가장 많이 연구된 대표적인 식품 소재이다. 7장에서 설명한 대로 오메가-6 불포화지방산 계열의 아라키돈산은 몸속 염증을 유발하는 것으로 알려져 있기에, 오메가-6 지방산은 적게 섭취하고, 항염증 기능을 하는 오메가-3 계열 불포화지방산은 많이 섭취하기를 권장하기도 한다. 그러나 오메가-6 계열 불포화지방산은 피부의 필수 지방산으로, 정상적인 피부 세포들의 성장과 기능에 중요한 역할을 한다. 특히 감마리놀렌산은 항염증 기능을 통해 피부 건강을 유지시켜 주는 오메가-6 불포화지방산인데, 피부에서는 생성되지 않으므로 급원 유지를 섭취해야 한다. 보라지유(지치유라고도 함) 및 달맞이꽃 종자유가 대표적인 감마리놀렌산의 급원 유지이다.

    또한 우리에게 익숙하고 많이 섭취하는 오메가-3 불포화지방산은 여러 가지 좋은 기능을 가지는데 그중 대표적인 기능이 항염증 기능이다. 따라서 오메가-3 지방산 섭취는 아토피 피부염의 염증 감소에 도움을 줄 수 있다. 또한 만성적인 염증은 모든 병의 원인이 되기 때문에 오메가-3 지방산이 풍부한 등 푸른 생선 및 씨앗류와 견과류 등을 충분히 섭취하는 것은 우리의 일반적인 건강을 위해서도 좋은 식습관이다.

아토피 피부염을 개선하는 영양소와
식품의 효능 및 기전
비타민 D

비타민 D는 우리 몸에서 매우 다양한 역할을 하는 중요한 영양소이다. 뼈 건강 외에도 특히 면역 조절과 관련하여 중요한 역할을 하며, 알레르기 질환인 아토피 피부염과도 밀접한 관련성이 있다. 아토피 피부염 환자는 혈액 내 비타민 D 농도가 정상인에 비해 낮으며, 비타민 D 보충이 아토피 피부염 중증도 지수인 SCORAD 점수를 낮추는 것으로 보고되었다. 따라서 혈중 비타민 D 농도가 낮은 아토피 피부염 환자는 비타민 D를 보충하는 것이 필요하다.

그러나 비타민 D는 식품으로 섭취하기가 쉽지 않아서 영양제 형태로 섭취해야 한다. 또한 1장에서 설명한 바와 같이 비타민 D는 햇빛을 통해 피부에서 생성 가능하기 때문에 팔과 다리가 노출되는 옷을 입고 충분한 햇빛을 받으며 산책하는 것도 비타민 D를 보충하는 데 좋은 습관이다.

비타민 D는 아토피 피부염 환자뿐만 아니라 일반인도 쉽게 결핍되는 영양소이고, 결핍 시 면역 기능 등이 저하되기 때문에 비타민 D가 결핍되지 않도록 관리하는 것이 건강을 위해 중요하다.

아토피 피부염을 개선하는 영양소와 식품의 효능 및 기전
항산화 비타민과 무기질

아토피 피부염은 염증성 질환이기 때문에 피부의 산화적 스트레스가 증가하게 된다. 따라서 항산화 기능을 하는 영양소를 섭취하는 것이 도움이 된다. 실제로 아토피 피부염 환자는 대표적인 항산화 영양소인 비타민 C, 비타민 E 및 셀레늄의 혈중 농도가 낮으며, 이러한 영양소가 풍부한 식품의 섭취량도 적다는 연구들이 보고되었다. 이 중 가장 널리 알려져 있고 우리가 쉽게 섭취하는 비타민 C는 피부에 매우 중요한 영양소로, 아토피 피부염과도 밀접한 관련성을 보인다.

아토피 피부염 환자의 혈액 및 피부에서의 비타민 C 농도는 일반인에 비해 낮고, 또한 비타민 C의 감소는 피부 장벽의 주요 구성 지질인 세라마이드 함량 감소와도 정의 상관성을 보인다고 알려져 있다. 이는 아토피 피부염 환자의 경우 알레르기 반응과 염증 반응으로 인한 산화적 스트레스가 높기 때문에 이를 제거하기 위해 항산화 기능을 하는 비타민 C가 많이 활용되고, 또한 8장에서 설명한 바와 같이 비타민 C가 세라마이드 생성 효소의 활성을 특이적으로 증가시키는 조효소로서 작용하는 것이 충분치 않게 되기 때문이다.

한편 아토피 피부염 환자는 일반인에 비해 과일 섭취량이 적다는 보고와 수유 기간 중 산모가 비타민 C가 풍부한 식품을 섭취하면 유아의 아토피 피부염 위험을 줄일 수 있다는 보고 등은 우리가 식품으로 섭취하는 비타민 C가 아토피 피부염 발생 억제에 효과가 있음을 의미한다고 할 수 있다.

참고문헌

Trikamjee T, Comberiati P, D'Auria E, et al, <Nutritional factors in the prevention of atopic dermatitis in children>, 《Front Pediatr》, 2021, 8:577413.

Vaughn AR, Foolad N, Maarouf M, et al, <Micronutrients in atopic dermatitis: a systematic review>, 《J Altern Complement Med》, 2019, 25:567-577.

12장.
건강한 피부를 위한 식사 패턴

- 식사 패턴의 개념
- 피부 보습과 피지를 악화하는 식사 패턴
- 피부 산도를 개선하는 식사 패턴

식사 패턴의 개념

우리가 먹는 모든 음식물은 소화, 흡수 과정을 거쳐 결국 영양소 단위로 우리 몸에 작용한다. 앞서 5~9장에서는 6대 영양소인 탄수화물, 단백질, 지질, 비타민, 무기질, 물의 피부에서의 기능과 대사에 대해 살펴보았다. 그러나 우리가 실제로 음식물을 섭취할 때는 탄수화물 10g, 단백질 10g, 비타민 1mg과 같이 개별 영양소 단위로 섭취하는 것이 아니라 밥 한 공기, 김치 2조각 등의 식품 단위, 더 나아가서는 식사 단위로 섭취한다. 따라서 개별 영양소 단위의 효과가 아닌 우리가 섭취한 전체 영양소의 종합적인 효과, 즉 식사 개념에서 피부에 미치는 영향을 이해할 필요가 있다.

영양학에서는 이러한 접근 방식을 식사 패턴 분석이라 하며 우리가 먹는 식사를 패턴화하여 건강 상태 및 여러 질병과의 관련성을 연구한다. 가장 대표적인 식사 패턴으로는 지중해식 식사가 있는데, 지중해 지역 사람들이 먹는 건강한 식사 패턴으로 통곡물, 채소, 과일, 생선, 올리브유 등을 많이 섭취하는 특징이 있다. 지중해식 식사는 당뇨, 고혈압, 비만 등의 대사성 질환 및 여러 질환을 예방하고 개선하는 효과가 있다고 알려져 있다. 반대로 인스턴트식품, 육류, 당류 등을 많이 섭취하는 서구식 식사는 여드름을 비롯한 여러 질환을 유발하거나 악화하는 것으로 알려져 있다.

이처럼 특정 식사 형태는 우리의 건강과 많은 관련이 있다고 연구되었는데, 그렇다면 피부 건강도 우리가 먹는 식사에 영향을 받을까? 일반적으로 식사와 피부의 직접적인 연관성을 떠올리기는 쉽지 않다. 따라서 관련된 과학적 연구도 많지 않지만, 지금까지 수행된 몇몇 연구 결과를 바탕으로 관련성을 살펴보자.

피부 보습과 피지를
악화하는 식사 패턴

피부 건강의 대표적 지표인 피부 보습 그리고 여드름 생성과 관련이 높은 피지에 영향을 주는 식사 패턴을 살펴보도록 하자.

20~30대 건강한 성인을 대상으로 피부 보습 및 피지와 식사 패턴의 관계를 분석한 연구에 따르면, 곡류와 전분 및 당류를 많이 섭취하는 사람은 피부 보습이 좋지 않은 것으로 나타났다. 이는 탄수화물을 많이 섭취하는 식사 패턴으로, 특히 당류 섭취는 피부 건강, 그중 보습에 특히 악영향을 미치는 것으로 보인다. 과자, 음료수 등의 가공식품에 많이 들어 있는 당류는 쉽게 설탕을 생각하면 된다. 설탕, 포도당, 과당 등의 단순당을 많이 섭취하면 비만뿐 아니라 당뇨 등 대사성 질환의 위험도 증가한다.

최근에는 당뇨병 진단을 위해 혈액에서 당화혈색소의 수치를 확인한다. 혈액이 빨간색을 띠는 것은 적혈구의 구성 요소인 헤모글로빈에 의한 것인데, 혈색소의 당화(glycation) 반응은 헤모글로빈에 포도당이 결합된 것을 의미한다. 당뇨병이 있는 경우 인슐린의 민감도 및 세포 속으로 포도당을 유입해 주는 포도당 수송체의 활성 저하로 인해 세포 내로 유입되지 못하고 혈액에서 머물게 된 포도당이 헤모글로빈에 결합하는 반응이 증가하면서 당화혈색소 수치가 증가한다. 당화 반응이 일어난 단백질은 구조가 바뀌어 기능 이상이 유발될 수 있는데, 당화 반응은 헤모글로빈 이외의 다른 단백질에서도 일어날 수 있다. 당류 섭취는 피부에도 좋지 않은 영향을 미치는 것으로 보고되었다. 즉, 콜라겐 등의 피부 단백질에 당류가 결합하는 당화 반응을 통해 피부 기능이 저해되고, 피부 노화가 촉진되며, 염증이 증가하고, 피부 보습도 감소한다. 따라서 비만 등의 대사성 질환 예방뿐만 아니라 피부 건강을 위해서도 단순당의 섭취를 줄이는 것이 필요하다.

다음으로, 콩류를 적게 먹고 고기, 유제품, 음료와 술을 많이 먹는 사람은 피지가 많은 것으로 나타났다. 10장에서 살펴본 것과 같이 고기 및 우유·유제품에 많이 포함된 곁가지 아미노산의 일종인 류신은 피지 분비와 여드름 발병을 증가시키는 것으로 알려져 있다. 따라서 이러한 식품을 많이 섭취하는 식사 패턴은 피지를 증가시킨다. 또한 음료와 술은 고열량·저영양 식품으로, 이를 많이 섭취하면 열량만 증가하게 되고, 이러한 열량 증가는 지질 합성 증가로 이어진다.

반면 식물성 단백질이 풍부한 콩은 우리 몸에 좋은 식품으로, 피지 감소에도 도움을 주는 것으로 여겨진다. 콩은 여성 호르몬인 에스트로겐(estrogen)과 유사한 기능을 하는 이소플라본(isoflavone)이라는 성분을 포함하고 있어 갱년기 여성에게 좋은 식품으로 알려져 있다. 피지 증가는 테스토스테론, 디하이드로테스토스테론 등 남성 호르몬의 작용을 발휘하는 안드로겐의 증가와 관련이 있기 때문에 콩에 들어 있는 이소플라본과 같은 유사 여성 호르몬 성분이 피지 감소에 도움을 줄 수 있는 것으로 보인다. 따라서 단백질 급원 식품으로서 과다한 고기와 우유·유제품을 섭취하기보다는 콩류를 섭취하는 것이 피지 증가를 방지하는 데 도움이 될 것이다.

이러한 식사 패턴과 피부 건강의 관계는 남녀 간에 차이를 보였는데, 남성의 경우 피부 보습과 식사 패턴과의 관련성이 유의하게 나타난 반면, 여성의 경우에는 피지와 식사 패턴과의 관련성이 유의하게 나타났다. 이러한 차이는 남성과 여성의 호르몬 차이에서 기인하는 것으로 여겨진다.

피부 산도를 개선하는
식사 패턴

　　피부 건강에 중요한 약산성 피부 산도를 유지하는 데 도움이 되는 식사 패턴을 살펴보자. 3장에서 설명한 바와 같이 건강한 피부의 표면은 부위별로 약간 차이가 있으나 일반적으로 pH 4.5~6.0의 약산성 범위를 유지하고 있다. 필자들의 연구 결과 약산성 피부 산도를 가지는 사람들은 견과류, 과일, 달걀을 많이 섭취하는 것으로 나타났다. 30~60세의 건강한 성인을 대상으로 피부 산도와 식사 패턴의 관계를 분석한 다른 연구에서도 약산성 피부 산도를 가지는 사람들은 견과류와 과일류를 많이 섭취하는 반면 음료와 주류는 적게 섭취하는 것으로 나타났다.

　　이러한 식사 패턴의 영양소를 분석해 보면, 우리 몸의 건강에 중요한 식이섬유, 칼륨, 철분, 비타민 A, 베타카로틴, 비타민 B군(특히 비타민 B1인 티아민과 비타민 B2인 리보플래빈), 비타민 C 등의 영양소를 많이 섭취하는 것으로 파악된다. 흥미로운 것은 두 연구에서 모두 견과류 및 과일을 많이 섭취하는 식사 패턴이 약산성의 피부 산도 유지와 관련 있는 것으로 나타난 점이다. 견과류와 과일에는 식이섬유, 미네랄, 비타민이 풍부하게 들어 있다. 그뿐만 아니라 견과류에는 오메가-3

계열 및 오메가-6 계열의 불포화지방산도 풍부한데, 이는 피부 건강에 중요한 역할을 하는 영양소들이다. 또한 달걀은 다양한 영양소가 풍부한 식품으로, 단백질 외에 비타민, 불포화지방산이 풍부하다. 달걀에는 피부 장벽의 주요 구성 지질인 세라마이드의 전구 지질 성분도 들어 있어 섭취 시 피부 건강에 도움이 된다.

결론적으로 피부 건강의 지표인 피부 보습과 약산성의 산도를 유지하기 위해서는 당류가 많은 과자, 음료와 같은 가공식품 및 주류의 섭취를 줄이고, 과일과 견과류, 달걀 등의 섭취를 늘리는 것을 추천한다. 또한 피지가 많은 사람은 육류나 우유 및 유제품 섭취를 줄이고 콩류의 섭취를 늘리는 것이 도움이 될 것이다.

참고문헌

Lim S, Shin J, Cho Y, et al, <Dietary patterns associated with sebum content, skin hydration and pH, and their sex-dependent differences in healthy korean adults>, 《Nutrients》, 2019, 11:619.

4부

피부 건강을 위한
건강기능식품의 이해

피부는 건강과 아름다움을 나타내는 우리 몸의 주요 기관이다. 삶의 질이 향상됨에 따라 피부에 대한 관심이 고조되고, 다양한 피부 관련 제품의 수요가 급증하고 있다. 특히 피부는 건강 차원에서 식품 영양과 밀접한 관련이 있다는 인식 변화와 함께 특정 식품 소재나 성분(이하 '기능성 원료')을 사용한 피부 관련 건강기능식품 개발이 한창 진행되고 있다.

건강기능식품은 정해진 기준 및 규격에 맞게 제조하고 고시된 기능성을 표시할 수 있는 '고시형'과 영업자가 개별적으로 안전성, 기능성 등에 대한 인가를 받아 기능성을 직접 표시할 수 있는 '개별인정형'으로 구분된다. '고시형'은 <건강기능식품 공전>에 등재되어 있는 기능성 원료로, 공전에서 정한 제조 기준, 규격, 최종 제품의 요건에 적합할 경우 별도의 인정 절차가 필요하지 않다. 반면, '개별인정형'은 영업자가 동물실험, 인체적용시험 등의 연구 결과를 토대로 안전성, 기능성, 기준 및 규격 등의 자료를 제출하여 관련 규정에 따른 평가를 통해 식품의약품안전처로부터 인가를 받아야 한다.

건강기능식품의 기능성은 인체의 정상적인 기능 유지나 생리 기능 활성화를 통한 건강 유지 및 개선을 의미하며, 이는 의약품에 의한 질병의 직접적인 치료나 예방과 구분되어 주로 '영양소 기능' 및 '생리 활성 기능'을 포함한다. '영양소 기능'은 인체의 성장·증진 및 정상적인 기능에 대한 영양소의 생리학적 작용을 의미하며, 비타민 및 무기질, 단백질, 식이섬유, 필수 지방산 등을 포함하는 영양소들의 기능이 이에 해당한다. '생리 활성 기능'은 고시형 및 개별인정형 기능성 원료들의 건강상 기여나 기능 향상 또는 건강 유지·개선 기능성을 의미하며, 기억력 및 혈행 개선, 간 건강, 체지방 감소, 피부 건강 등을 포함한 다양한 '생리 활성 기능' 관련 기능성이 건강기능식품에 표시된다.

피부 건강의 기능성을 위해서 2022년 현재 2종의 영양소를 비롯하여 고시형 8종 및 개별인정형 30종(인가번호가 다른 동일 기능성 원료는 동일 원료로 간주함)이 식품의약품안전처의 인가를 받았다. 또한 '면역과민반응에 의한 피부 상태 개선에 도움'을 줄 수 있는 기능성 관련으로 2022년 현재 고시형 1종 및 개별인정형 3종이 식품의약품안전처의 인가를 받았다. 4부에서는 인가받은 기능성 원료에 한하여 서술하고자 하며, 이 기능성 원료들을 이용한 특정 제품명, 해당 업체명 등의 사항은 식품의약품안전처 및 식품안전나라 홈페이지를 참조하기 바란다.

13장.
피부 건강을 위한
고시형 건강기능식품의 이해

- 피부 건강을 위한 영양소 및 고시형 기능성 원료
- 고시형 기능성 원료들의 피부 기능성 연구 보고

피부 건강을 위한
영양소 및 고시형 기능성 원료

피부 건강의 기능성을 갖는 영양소로는 비타민 A와 베타카로틴 등 2종이 식품의약품안전처의 인가를 받았다. 비타민 A 및 비타민 A의 전구체인 베타카로틴은 활성산소종을 제거하는 항산화제 기능을 하며, 비타민 A는 표피의 정상적인 분화 및 피부 점막 유지 기능을 한다.

피부 건강 기능을 갖는 고시형 기능성 원료로는 엽록소 함유 식물, 클로렐라, 스피룰리나, 포스파티딜세린(phosphatidylserine), N-아세틸 글루코사민, 알로에 겔, 히알루론산, 곤약감자추출물 등 총 8종이 식품의약품안전처의 인가를 받았다. 이 원료들은 '피부 건강 유지', '피부 보습에 도움을 줄 수 있음' 또는 '자외선에 의한 피부 손상으로부터 피부 건강을 유지하는 데 도움을 줄 수 있음'의 기능성을 갖는다. 이들 중 일부는 '항산화', '면역력 증진' 또는 '혈중 콜레스테롤 개선', '인지력 개선', '장 건강', '관절 및 연골 건강에 도움을 줄 수 있음'의 기능성이 병행 표시되는 경우도 있다. 이들 각 기능성 원료의 원재료, 기능성, 규격, 일일 섭취량은 〈표 13-1〉과 같다. 이 중 일일 섭취량은 여러 연구 결과에서 해당 기능을 위한 필요량으로 파악된 것이므로, 섭취 시 이를 준수하는 것이 중요하다.

영양소 및 고시형 기능성 원료명	원재료	기능성	규격	일일 섭취량
비타민 A	레티닐 팔미트산 염, 레티닐 아세트 산염	어두운 곳에서 시각 적응을 위해 필요, 피부와 점막을 형성하고 기능을 유지하는 데 필요, 상피세포의 성장 과 발달에 필요	비타민 A	210~1,000 μg 레티놀 당량 (retinol equivalent, RE)
베타카로틴	식용 조류, 녹엽 식 물, 당근으로부터 베타카로틴을 추 출하여 유상으로 가공한 것		베타카로틴	0.42~7mg (시각, 피부와 점막 기능) 1.26mg 이상 (상피세포 성장, 발달)
엽록소 함유 식물	보리 밀, 귀리의 어린 싹, 알파파 등의 잎이나 줄기, 엽록소를 함유한 식용 해조류, 이 외의 식용 식물	피부 건강·항산화 에 도움을 줄 수 있음	총 엽록소	총 엽록소로서 8~150mg
클로렐라 (chlorella)	클로렐라속(屬) 조류	피부 건강·항산화 에 도움을 줄 수 있음, 면역력 증진·혈중 콜레스테롤 개선 에 도움을 줄 수 있음	총 엽록소	총 엽록소로서 8~150mg(피부 건강·항산화) 125~150mg (면역력 증진· 혈중 콜레스테롤 개선)
스피룰리나 (spirulina)	스피룰리나속(屬) 조류	피부 건강·항산화 에 도움을 줄 수 있음, 혈중 콜레스테롤 개선에 도움을 줄 수 있음	총 엽록소	총 엽록소로서 18~150mg(피부 건강·항산화) 40~150mg (혈중 콜레스테롤 개선)

영양소 및 고시형 기능성 원료명	원재료	기능성	규격	일일 섭취량
포스파티딜세린	대두 레시틴	노화로 인해 저하된 인지력 개선, 자외선에 의한 피부 손상으로부터 피부 건강 유지, 피부 보습에 도움을 줄 수 있음	포스파티딜세린	포스파티딜세린으로서 300mg
N-아세틸글루코사민	갑각류(게, 새우 등)의 껍질, 연체류(오징어, 갑오징어) 등의 뼈	관절 및 연골 건강, 피부 보습에 도움을 줄 수 있음	N-아세틸글루코사민	N-아세틸글루코사민으로서 1g(피부 보습) 0.5~1g(관절 및 연골 건강)
알로에 겔	알로에 베라(Aloe vera)의 잎	피부 건강·장 건강·면역력 증진에 도움을 줄 수 있음	총 다당체	총 다당체 함량으로서 100~420mg
히알루론산	계관(닭의 볏) 또는 유산구균(Streptococcus zooepidermicus)	피부 보습, 자외선에 의한 피부 손상으로부터 피부 건강을 유지하는 데 도움을 줄 수 있음	히알루론산	히알루론산으로서 120~240mg (피부 보습) 240mg(자외선에 의한 피부 손상으로부터 피부 건강 유지)
곤약감자 추출물	곤약감자(Amorphophallus konjac)	피부 보습에 도움을 줄 수 있음	글루코실세라마이드	글루코실세라마이드로서 1.2~1.8mg

표 13-1 피부 건강을 위한 영양소 및 고시형 기능성 원료의 원재료, 기능성, 규격 및 일일 섭취량

고시형 기능성 원료들의
피부 기능성 연구 보고

고시형 기능성 원료들은 '피부 건강 유지', '피부 보습에 도움을 줄 수 있음' 또는 '자외선에 의한 피부 손상으로부터 피부 건강을 유지하는 데 도움을 줄 수 있음' 등의 기능성을 갖는다. 섭취를 통한 이들의 피부 기능성은 자외선 조사로 광노화를 유도한 무모생쥐(nude mouse)를 이용한 동물실험이나 피부 노화가 진행되는 남녀를 대상으로 한 인체적용시험의 연구 결과에 의한다. 연구에서는 기능성 관련 생체 지표의 개선을 보고하는데, '피부 건강 유지'의 의미 및 '피부 보습에 도움을 줄 수 있음' 관련 생체 지표는 3장을, '자외선에 의한 피부 손상으로부터 피부 건강을 유지하는 데 도움을 줄 수 있음' 관련 생체 지표는 4장을 다시 읽어 보면 도움이 될 것이다. 피부 보습 감소, 산도 증가, 주름과 홍반 및 소양증을 초래하는 자외선 손상은 피부 건강과 피부 미용의 개념이 공유되기에, '자외선에 의한 피부 손상으로부터 피부 건강을 유지하는 데 도움을 줄 수 있음'의 기능성 원료들의 연구 보고에서는 보습, 주름, 가려움, 홍반, 색소 침착 개선을 포함한 다양한 피부 기능성에 대한 연구 보고가 이루어지고 있다.

다양한 항산화 물질을 함유한 엽록소 함유 식물을 50세 이상의 여성에게 3달간 섭취하도록 한 결과, 주름 관련 생체 지표인 콜라겐 단백질의 합성 증가 및 콜라겐 분해 효소인 MMP-1의 발현 감소와 함께 주름 감소 및 탄력 증가가 보고되었다. 스피룰리나는 다량의 단백질 뿐만 아니라 베타카로틴, 비타민 C, 피코시아닌 등 항산화 관련 영양소 및 기능성 물질을 함유하고 있다. 스피룰리나 섭취 또한 MMP-1의 발현을 억제하고 콜라겐 합성을 증가시키는 것으로 보고되었다. 한편 다량의 단백질과 비타민, 섬유소, 클로로필(chlorophyll) 등을 함유한 클로렐라를 섭취하면 경표피 수분 손실량이 감소하고 피부 보습이 증가하는 것으로 알려졌다.

인지질의 일종인 포스파티딜세린은 세포막의 구성 지질이다. 무모생쥐를 대상으로 10주간 자외선 조사에 의한 광노화를 유도하고 포스파티딜세린을 섭취하게 한 결과, MMP-1의 발현 감소와 함께 주름이 개선되고 광노화로 인해 증가한 피부 두께 또한 감소함이 보고되었다. 더불어 피부 보습이 개선되었는데, 이는 포스파티딜세린이 스핑고미엘린(보습의 생체 지표인 세라마이드의 전구 지질) 분해 효소의 보조인자로서 세라마이드 생성을 증가시킬 수 있음이 가능 기전으로 설명되고 있다. 광노화가 유도된 무모생쥐 실험에서 파악된 포스파티딜세린 섭취에 의한 주름 및 보습 개선의 효능은 40~60대 남녀를 대상으로 한 인체적용시험에서 재확인되었다.

히알루론산은 2장에서 설명한 바와 같이 D-글루쿠론산과 N-아세틸글루코사민의 두 가지 당이 연결된 형태인 이당류가 반복적으로 연결된 구조로, 수분 흡수력이 뛰어나 피부 보습을 유지하고, 진피층의 섬유아세포 사이를 채워 주는 기질로서 기능한다. 자외선 조사에 의한 광노화뿐만 아니라 자연 노화가 진행되는 피부에서는 히알루론산을 비롯하여 히알루론산의 구성 당인 N-아세틸글루코사민의 함량이 감소한다. 진피층 섬유아세포에 N-아세틸글루코사민을 처리하면 히알루론산 생성이 신속하게 증가하는 것으로 알려져 있다. 20대 여성을 대상으로 1g/일의 N-아세틸글루코사민을 2달간 섭취하도록 한 결과, 피부 보습이 증가하고 피지 분비가 감소하였으며 피부 거칠기가 개선되었다. 또한 40~60대 여성을 대상으로 히알루론산이 함유된 음료를 40일간 섭취하도록 한 결과, 보습 증가와 함께 주름과 피부 거칠기가 개선되었다. 섭취한 히알루론산 및 N-아세틸글루코사민은 소장에서 신속히 흡수되어 피부까지 도달하여 피부에서 히알루론산 합성을 촉진해 궁극적으로 보습을 개선하고, 피부 주름, 거칠기 등 자외선에 의한 피부 손상을 개선하는 것으로 가능 기전을 설명할 수 있다.

다당류를 비롯하여 아미노산, 지질, 스테롤 등의 성분을 함유한 알로에 겔은 예로부터 피부 상처 치료 효능이 있는 것으로 알려져 왔다. 자외선 조사를 한 섬유아세포 및 무모생쥐를 이용한 동물실험에서 알로에 겔의 처리는 MMP 발현을 억제하고 콜라겐 생성을 증가시켰다. 30~59세의 여성을 대상으로 알로에 겔 함유 유산균을 12주간 섭취하도록 한 결과, 보습 증가와 함께 피부 탄력과 콜라겐 관련 지표가 개선되었다. 또한 45세 이상의 여성을 대상으로 90일간 알로에 겔 함유 음료를 섭취하도록 한 결과, 1형 콜라겐 전구 단백질의 mRNA 발현이 증가하고, 콜라겐 분해 효소인 MMP-1의 mRNA 발현 억제와 함께 주름이 개선되었다.

　세라마이드는 표피 각질층에 존재하는 피지막의 주요 구성 지질로, 피부 보습의 주요 생체 지표이다. 최근 세라마이드의 전구 지질인 글루코실세라마이드 섭취 시 피부 보습이 증진함이 여러 인체적용시험에서 보고되어, 이를 다량 함유한 곤약감자가 고시형 건강기능식품 소재로 개발되었다. 18~60세의 남녀를 대상으로 곤약감자추출물을 6주간 섭취하도록 한 결과, 보습 증가와 함께 피지가 감소하고 가려움, 홍반, 색소 침착이 개선되었다. 또한 20~50대 남녀를 대상으로 곤약감자추출물이 함유된 음료를 12주간 섭취하도록 한 결과 피부 보습이 증가하였다. 섭취된 세라마이드는 소장에서 흡수되어 피부를 비롯한 우리 몸의 여러 조직에 도달할 뿐만 아니라 피부에서 세라마이드 합성을 촉진하는 것이 곤약감자추출물의 가능 기전으로 동물실험에서 확인되었다.

참고문헌

식품안전나라 https://www.foodsafetykorea.go.kr/portal/healthyfoodlife/functionalityView.do?viewNo=08

Kang HR, Lee CH, Kim JR, et al, <*Chlorella vulgaris* attenuates dermatophagoides farinae-induced atopic dermatitis-like symptoms in NC/Nga mice>, 《Int. J. Mol. Sci》, 2015, 16:21021-21034.

Kim DH, Choi HK, Cho SC, et al, <Enhancement of antioxidant and anti-aging activities of Spirulina extracts by fermentation>, 《J Soc Cosmet Scientists Korea》, 2008, 34:225-231.

Choi HD, Han JJ, Lee SH, et al, <Effect of soy phosphatidylserine supplemented diet on skin wrinkle and moisture *in vivo* and clinical trial>, 《J Korean Soc Appl Biol Chem》, 2013, 56:227-235.

Kikuchi K, Matahira Y, <Oral N-acetylglucosamine supplementation improves skin conditions of female volunteers: Clinical evaluation by a microscopic three-dimensional skin surface analyzer>, 《J Appl Cosmetol》, 2002, 20:143-152.

Gölliner I, Voss W, von Hehn U, et al, <Ingestion of an oral hyaluron solution improves skin hydration, wrinkle reduction, elasticity, and skin roughness: results of a clinical study>, 《J Evid Based Complementary Altern Med》, 2017, 22:816-823.

Tanaka M, Yamamoto Y, Misawa E, <Effects of *Aloe* sterol supplementation on skin elasticity, hydration, and collagen score: a 12-week double-blind, randomized, controlled trial>, 《Skin Pharmacol Physiol》, 2016, 29:309-317.

Cho S, Lee S, Lee MJ, et al, <Dietary Aloe Vera supplementation improves facial wrinkles and elasticity and it increases the type I procollagen gene expression in human skin *in vivo*>, 《Ann Dermatol (Seoul)》, 2009, 21:6-11.

Venkataramana SH, Puttaswamy N, Kodimule S, <Potential benefits of oral administration of Amorphophallus konjac glycosylceramides on skin health – a randomized clinical study>, 《BMC Complement Med Ther》, 2020, 20:26.

Uchida T, Nakano Y, Mori H, et al, <Oral intake of glucosylceramide improves relatively higher level of transepidermal water loss in mice and healthy human subjects>, 《J Health Sci》, 2008, 54:559-566.

14장.
피부 건강을 위한
개별인정형 건강기능식품의
이해

- 피부 건강을 위한 개별인정형 기능성 원료
- 식물성 세라마이드 함유 개별인정형 기능성 원료들의 피부 기능성
  연구 보고
- 콜라겐펩타이드 함유 개별인정형 기능성 원료들의 피부 기능성 연구
  보고
- 항산화 성분 함유 개별인정형 기능성 원료들의 피부 기능성 연구 보고
- 유산균 함유 개별인정형 기능성 원료의 피부 기능성 연구 보고
- 그 외 개별인정형 기능성 원료들의 피부 기능성 연구 보고

피부 건강을 위한
개별인정형 기능성 원료

2022년 현재 피부 건강을 위한 기능성 인가를 받은 개별인정형 기능성 원료는 30종(인가번호가 다른 동일 기능성 원료는 동일 원료로 간주함)이다. 이 개별인정형 기능성 원료들은 고시형 기능성 원료들과 같이 '피부 보습에 도움을 줄 수 있음' 또는 '자외선에 의한 피부 손상으로부터 피부 건강을 유지하는 데 도움을 줄 수 있음'의 두 가지 기능성으로 인가를 받았다.

2009년 이전에 인가를 받은 기능성 원료인 PME-88멜론추출물, 소나무껍질추출물등복합물, 홍삼·사상자·산수유복합추출물의 경우 '자외선에 의한 피부 홍반 개선으로 피부 건강에 도움을 줄 수 있음', '햇볕 또는 자외선에 의한 피부 손상으로부터 피부 건강을 유지하는 데 도움을 줄 수 있음' 등의 기능성이 추가적으로 언급되기도 하였다. 이들을 포함하여 핑거루트추출분말, 허니부쉬추출발효분말, 로즈마리자몽추출복합물, 갈락토올리고당, 로즈마리추출물등복합물, 굴가수분해물은 '자외선에 의한 피부 손상으로부터 피부 건강을 유지하는 데 도움을 줄 수 있음'의 기능성으로 인가를 받았다. 이 중 PME-88멜론추출물은 '산화 스트레스로부터 인체를 보호하는 데 도움을 줄 수 있음' 및 '혈관벽 두께(내중막 두께: intima-media thickness, IMT) 증가 억제를 통한 혈행 개선에 도움을 줄 수 있음'의 기능성을 추가로 인정받았으며, 핑거루트추출분말은 '체지방 감소에 도움을 줄 수 있음'의 기능성을 추가로 인정받았다.

쌀겨추출물, 지초추출분말, AP콜라겐 효소분해 펩타이드, 민들레 등 추출복합물, collactive 콜라겐펩타이드, 옥수수배아추출물, 석류농축액, 콩·보리 발효복합물, 밀배유추출물, 밀추출물은 '피부 보습에 도움을 줄 수 있음'으로 인가를 받았으며, 이 중 석류농축액은 '갱년기 여성 건강에 도움을 줄 수 있음'의 기능성을 추가로 인정받았다.

핑거루트추출분말(판두라틴), 저분자콜라겐펩타이드, 프로바이오틱스 HY7714, 석류농축분말, 피쉬 콜라겐펩타이드, 저분자콜라겐펩타이드NS, 배초향추출물, 수국잎열수추출물, 들쭉열매추출분말, 저분자콜라겐펩타이드SH, 저분자콜라겐펩타이드GT는 '자외선에 의한 피부 손상으로부터 피부 건강을 유지하는 데 도움을 줄 수 있음' 및 '피부 보습에 도움을 줄 수 있음'의 두 가지 기능성에 대한 인가를 모두 받았다. 이 중 수국잎열수추출물은 '체지방 감소에 도움을 줄 수 있음'의 기능성을 추가로 인정받았다.

이 개별인정형 기능성 원료들의 인가번호, 기능성, 규격, 일일 섭취량은 〈표 14-1〉과 같다. 고시형 원료들과 마찬가지로 개별인정형 원료들의 일일 섭취량은 여러 연구 결과에서 해당 기능을 위한 필요량으로 파악된 것이므로, 섭취 시 일일 섭취량을 준수하는 것이 중요하다.

개별인정형 기능성 원료명	인가번호	피부 기능성 [그 외 기능성]	일일 섭취량
PME-88멜론 추출물	제2008-9호	자외선에 의한 피부 홍반 개선으로 피부 건강에 도움을 줄 수 있음 [산화 스트레스로부터 인체를 보호하는 데 도움을 줄 수 있음, 혈관벽 두께(내중막 두께) 증가 억제를 통한 혈행 개선에 도움을 줄 수 있음]	초과산화물 불균등화효소(superoxide dismutase, SOD) 활성으로서 500~1,000IU/일
소나무껍질 추출물등 복합물	제2008-14호	햇볕 또는 자외선에 의한 피부 손상으로부터 피부 건강을 유지하는 데 도움을 줄 수 있음	소나무껍질추출물등 복합물로서 1,130mg/일
홍삼·사상자· 산수유 복합추출물	제2008-67호	햇볕 또는 자외선에 의한 피부 손상으로부터 피부 건강을 유지하는 데 도움을 줄 수 있음	복합추출물로서 3g/일
쌀겨추출물	제2009-66호	1*	쌀겨추출물 10~34mg/일
지초추출분말	제2009-97호, 제2010-59호	1	지초추출분말로서 2.23g/일
AP콜라겐 효소분해 펩타이드	제2010-25호	1	AP콜라겐 효소분해 펩타이드로서 1,000~1,500mg/일

개별인정형 기능성 원료명	인가번호	피부 기능성 [그 외 기능성]	일일 섭취량
민들레 등 추출복합물	제2012-12호	1	민들레 등 추출복합물로서 750mg/일
Collactive 콜라겐 펩타이드	제2012-24호	1	Collactive 콜라겐펩타이드로서 2g/일
핑거루트 추출분말	제2012-36호	2** [체지방 감소에 도움을 줄 수 있음]	핑거루트추출분말로서 600mg/일
핑거루트 추출분말 (판두라틴)	제2013-5호	1, 2 [체지방 감소에 도움을 줄 수 있음]	핑거루트추출분말로서 600mg/일
저분자콜라겐 펩타이드	제2013-30호	1, 2	저분자콜라겐펩타이드로서 1~3g/일
옥수수배아 추출물	제2014-8호	1	옥수수배아추출물로서 40~60mg/일
석류농축액	제2014-22호	1 [갱년기 여성의 건강에 도움을 줄 수 있음]	석류농축액으로서 13.3g/일
프로바이오틱스 HY7714	제2015-1호, 제2015-2호	1, 2	락토바실러스 플란타룸 HY7714(Lactobacillus plantarum HY7714)로서 1×10^{10}CFU/일
콩·보리 발효 복합물	제2015-10호	1	콩·보리 발효복합물로서 3g/일
밀배유추출물	제2015-18호	1	밀배유추출물로서 30mg/일

개별인정형 기능성 원료명	인가번호	피부 기능성 [그 외 기능성]	일일 섭취량
허니부쉬추출 발효분말	제2017-3호	2	허니부쉬추출발효분말로서 400~800mg/일
석류농축분말	제2018-7호	2	석류농축분말로서 1g/일
	제2018-8호	1, 2	
피쉬 콜라겐 펩타이드	제2019-12호	1, 2	피쉬 콜라겐펩타이드로서 3,270mg/일
저분자콜라겐 펩타이드NS	제2019-20호	1, 2	저분자콜라겐펩타이드 NS로서 1.65g/일
로즈마리자몽 추출복합물 (Nutroxsun)	제2019-25호	2	로즈마리자몽추출복합물로서 100~250mg/일
배초향추출물 (Agatri®)	제2020-4호	1	배초향추출물(Agatri®)로서 1g/일
	제2020-5호	2	
수국잎 열수추출물	제2020-7호	1, 2 [체지방 감소에 도움을 줄 수 있음]	수국잎열수추출물로서 300~600mg/일
밀추출물 (Ceratiq®)	제2020-15호	1	밀추출물(Ceratiq®)로서 350mg/일
갈락토 올리고당	제2021-8호	2	갈락토올리고당(네오고스-P70)으로서 2g/일
로즈마리 추출물등 복합물	제2021-18호	2	로즈마리추출물등복합물로서 225mg/일

개별인정형 기능성 원료명	인가번호	피부 기능성 [그 외 기능성]	일일 섭취량
굴가수분해물	제2021-22호	2	굴가수분해물로서 1.0g/일
들쭉열매 추출분말	제2022-1호	1, 2	들쭉열매추출분말로서 980㎎/일
저분자콜라겐 펩타이드SH	제2022-5호	1, 2	저분자콜라겐펩타이드 SH로서 2g/일
저분자콜라겐 펩타이드GT	제2022-6호	1, 2	저분자콜라겐펩타이드 GT로서 2g/일

표 14-1 피부 건강을 위한 개별인정형 기능성 원료의 인가번호, 기능성, 규격 및 일일 섭취량

* 피부 기능성 1: 피부 보습에 도움을 줄 수 있음
** 피부 기능성 2: 자외선에 의한 피부 손상으로부터 피부 건강을 유지하는 데 도움을 줄 수
　있음

식물성 세라마이드 함유 개별인정형 기능성 원료들의 피부 기능성 연구 보고

2022년 현재 피부 건강을 위한 기능성 인가를 받은 개별인정형 기능성 원료 30종(인가번호가 다른 동일 기능성 원료는 동일 원료로 간주함)은 원료의 함유 성분에 따라 크게 식물성 세라마이드 함유 원료, 어류 유래 콜라겐펩타이드 함유 원료, 항산화 성분 함유 원료, 유산균 원료 및 그 외 개별 원료의 5가지로 구분할 수 있다.

이 개별인정형 기능성 원료들은 고시형 기능성 원료들과 마찬가지로 '피부 보습에 도움을 줄 수 있음' 또는 '자외선에 의한 피부 손상으로부터 피부 건강을 유지하는 데 도움을 줄 수 있음'의 두 가지 기능성으로 인가를 받았다. '피부 보습에 도움을 줄 수 있음' 관련 생체 지표는 3장을, '자외선에 의한 피부 손상으로부터 피부 건강을 유지하는 데 도움을 줄 수 있음' 관련 생체 지표는 4장을 다시 읽어 보면 도움이 될 것이다.

동물실험이나 피부 노화가 진행되는 남녀를 대상으로 한 인체적용시험의 연구 결과에 따른 식물성 세라마이드 함유 원료들의 피부 기능성은 다음과 같다.

피부 보습의 주요 생체 지표인 세라마이드 및 세라마이드의 전구 지질인 글루코실세라마이드를 다량 함유한 쌀겨추출물 및 옥수수배아추출물이 '피부 보습에 도움을 줄 수 있음'의 기능성을 갖는 개별인정형 건강기능식품 소재로 개발되어 있다. 19~55세 남녀를 대상으로 세라마이드를 다량 함유한 것으로 확인된 쌀겨추출물을 6주간 섭취하도록 한 결과, 피부 보습이 증가하였으며 피부 주름, 유연성, 거칠기가 개선되었다. 그러나 피부 건강 지표인 산도와 피지 분비에는 변화가 없었다. 22~51세의 남녀를 대상으로 3주간 옥수수배아추출물을 섭취케 한 시험에서도 피부 보습 개선 효과가 보고되었다.

　밀 배아의 추출 유지인 밀배유추출물 및 2차 추출 과정을 거친 밀추출물을 건성 피부를 가진 여성에게 섭취시킨 결과, 경표피 수분 손실량이 감소하고 보습이 증가하였다. 밀배유추출물은 트리글리세라이드, 인지질, 스테롤을 비롯하여 세라마이드를 다량 함유하고 있다. 세라마이드는 소장에서 흡수되어 피부를 비롯한 우리 몸의 여러 조직에 도달하며, 피부에서 세라마이드 합성을 촉진하는 것이 밀배유추출물의 가능 기전으로 확인되었다. 밀추출물은 글루코실세라마이드와 디갈락토실디글리세라이드(digalactosyl diglycerides, DGDG)를 함유하고 있다. DGDG는 천연 유화제로서 소장에서 세라마이드 및 글루코실세라마이드의 흡수를 증가시킬 뿐만 아니라 혈액 내에서 지질의 유화를 돕는 마이셀(micelle)의 형성을 원활히 하여 피부에서의 세라마이드 및 글루코실세라마이드의 공급과 이용을 증가시키는 것이 밀배유 및 밀추출물의 가능 기전으로 세포 실험에서 확인되었다.

참고문헌 ——

김태수, 이성표, 박소이 등, <쌀 유래 세라마이드를 함유한 미용보조제의 피부미용개선 효과>, 《한국식품과학회지》, 2012, 44:434-440.

Asai S, Miyachi H, <Evaluation of skin-moisturizing effects of oral or percutaneous use of plant ceramides>, 《Rinsho Byori》, 2007, 55:209-215.

Bizot V, Cestone E, Michelotti A, et al, <Improving skin hydration and age-related symptoms by oral administration of wheat glucosylceramides and digalactosyl diglycerides: a human clinical study>, 《Cosmetics》, 2017, 4:37.

Guillou S, Ghabri S, Jannot C, et al, <The moisturizing effect of a wheat extract food supplement on women's skin: a randomized, double-blind placebo-controlled trial>, 《Int J Cosmet Sci》, 2011, 33:138-143.

Boisnic S, Keophiphath M, Serandour AL, et al, <Polar Lipids from wheat extract oil improves skin damages induced by aging: evidence from a randomized, placebo-controlled clinical trial in women and an ex vivo study on human skin explant>, 《J Cosmet Dermatol》, 2019, 18:2027-2036.

콜라겐펩타이드 함유
개별인정형 기능성 원료들의
피부 기능성 연구 보고

　최근 콜라겐펩타이드 함유 기능성 원료에 대한 소비자의 관심이 커지고 있다. 소비자 관점에서는 콜라겐펩타이드 함유 기능성 원료를 섭취하면 피부에서 콜라겐이 증가하여 주름이 개선되기를 기대할 수 있는데, 이 기능성 원료들의 이름에서 언급된 '콜라겐' 단어는 콜라겐이 다량 함유된 생선 껍질(어린)을 원재료로 사용하였다는 의미도 있다. 콜라겐펩타이드 함유 개별인정형 기능성 원료들에 대한 연구 보고들은 대부분이 인가를 받은 기능성에 대한 효능뿐만 아니라 주름 관련 생체 지표들의 개선 효능을 포함하고 있다.

　대구, 가자미, 메기, 농어 등의 생선 껍질에는 콜라겐 단백질이 다량 함유되어 있는데, 분자량이 큰 콜라겐 단백질을 분해 처리해 분자량이 작은 콜라겐펩타이드를 얻을 수 있다. 분해 처리를 통해 생성된 펩타이드들은 구성 아미노산들의 조성 및 연결 순서의 고유성과 함께 다양한 기능을 한다. 즉, 원재료로 이용되는 생선의 종류 및 분해 처리 방법에 따라 다양한 기능을 갖는 다양한 종류의 콜라겐펩타이드가 얻어지므로, 이들 원료의 원재료 확보 및 제조 방법은 각 해당 업체의 노하우라고 할 수 있다.

3g/일의 AP콜라겐 효소분해 펩타이드를 30~48세의 남녀를 대상으로 12주간 섭취하도록 한 결과, 경표피 수분 손실량 감소와 함께 보습이 증가하였다. 이 같은 보습 증진 기능성은 40~55세의 여성을 대상으로 2g/일의 collactive(콜렉티브) 콜라겐펩타이드를 13주간 섭취케한 시험 결과에서도 보고되었다. 특히 진피 섬유아세포를 이용한 실험에서 글리신-프롤린-하이드록시프롤린 구조의 세 가지 아미노산이 연결된 트리펩타이드(tripeptide)를 15% 이상 함유한 AP콜라겐 효소분해 펩타이드는 같은 조성의 유리 아미노산보다 소장에서 흡수가더 잘 되며, 히알루론산을 증가시키고 MMP 효소의 발현을 억제하며 1형 및 4형 콜라겐의 함량을 증가시킴이 가능 기전으로 확인되었다.

중년의 여성 또는 남녀를 대상으로 한 인체적용시험 및 자외선 조사로 광노화를 유도한 무모생쥐를 이용한 동물실험에서 저분자콜라겐펩타이드, 피쉬 콜라겐펩타이드, 저분자콜라겐펩타이드NS, 저분자콜라겐펩타이드SH 또는 저분자콜라겐펩타이드GT를 섭취하면 피부 보습 증진, MMP 발현 억제, 콜라겐 발현 증가, 주름 개선 등의 효과가 있음이 보고되었다. 특히 농어목에 속하는 나일틸라피아(Nile tilapia, Oreochromis niloticus)의 생선 껍질을 원재료로 이용하여 제조한 피쉬 콜라겐펩타이드는 소장에서 흡수된 뒤 피부에 96시간 동안 축적됨이 확인되었다. 동물실험 및 세포 실험에서 피쉬 콜라겐펩타이드는 MMP 발현을 억제하고, 콜라겐 발현을 증가시키며, 히알루론산 합성 효소의 발현 증가 및 분해 효소의 발현 감소로 히알루론산 함량을 증가시키고, 자연보습인자 관련 단백질인 필라그린 및 인볼루크린의 발현을 증가시키는 것이 가능 기전으로 확인되었다.

참고문헌

Choi SY, Ko EJ, Lee YH, et al, <Effects of collagen tripeptide supplement on skin properties: a prospective, randomized, controlled study>, 《J Cosmet Laser Ther》, 2014, 16:132-137.

Kim DU, Chung HE, Choi J, et al, <Oral intake of low-molecular-weight collagen peptide improves hydration, elasticity, and wrinkling in human skin: a randomized, double-blind, placebo-controlled study>, 《Nutrients》, 2018, 10:826.

Kang MC, Yumnam S, Kim SY, <Oral intake of collagen peptide attenuates ultraviolet B irradiation-induced skin dehydration in vivo by regulating hyaluronic acid synthesis>, 《Int J Mol Sci》, 2018, 19:3551.

Lee HJ, Jang HL, Ahn DK, et al, <Orally administered collagen peptide protects against UVB-induced skin aging through the absorption of dipeptide forms, Gly-Pro and Pro-Hyp>, 《Biosci Biotechnol Biochem》, 2019, 83:1146-1156.

Park SJ, Kim D, Lee M et al, <GT collagen improves skin moisturization in UVB-irradiated HaCaT cells and SKH-1 hairless mice>, 《J med Food》, 2021, 24:1313-1322.

항산화 성분 함유 개별인정형 기능성 원료들의 피부 기능성 연구 보고

자외선에 노출된 피부는 광노화에 대한 보호가 필요하다. 자외선에 의해 생성되는 활성산소종이 피부 광노화의 주요 원인인 것에 기인하여 항산화 효능을 갖는 PME-88멜론추출물, 소나무껍질추출물등 복합물, 홍삼·사상자·산수유복합추출물, 석류농축액, 석류농축분말, 허니부쉬추출발효분말, 로즈마리자몽추출복합물, 배초향추출물, 수국잎열수추출물, 로즈마리추출물등복합물 그리고 들쭉열매추출분말이 '자외선에 의한 피부 손상으로부터 피부 건강을 유지하는 데 도움을 줄 수 있음' 또는 '피부 보습에 도움을 줄 수 있음'의 기능성을 인정받은 개별인정형 건강기능식품 기능성 원료로 개발되었다.

프랑스 아비뇽 지역에서 생산되는 캔털루프(cantaloupe) 멜론을 여과·농축하여 제조한 PME-88멜론(Cucumis melo L.)추출물을 18~50세의 남녀를 대상으로 32일간 섭취케 한 결과, 홍반 및 멜라닌 생성이 억제되었다. 섭취된 PME-88멜론추출물은 우리 몸속 항산화 효소의 일종인 초과산화물 불균등화효소(SOD)의 활성을 증가시켜 활성산소종을 제거하는 것이 가능 기전으로 확인되었다.

프랑스 해안가에서 자라는 소나무(Pinus pinaster)껍질추출물등복합물 또한 홍반, 멜라닌 등 색소 침착을 억제하는 자외선 보호 효과가 있음이 여러 인체적용시험에서 보고되었다. 소나무껍질추출물은 피크노제놀(Pycnogenol R)로 알려져 있는데, 이 추출물에 함유된 플라보노이드(flavonoid), 카테킨(catechin), 프로시아니딘(procyanidin), 페놀산(phenolic acid) 등의 다양한 성분이 항산화 기능을 갖는다.

루이보스와 유사한 허브로 남아프리카가 원산지인 허니부쉬(Cyclopia intermedia)의 발효추출물을 35~60세의 남녀를 대상으로 12주간 섭취하게 한 결과 주름이 개선되었다. 이는 진피의 섬유아세포를 이용한 세포 실험에서 주요 성분인 헤스페리딘(hesperidin)을 비롯하여 플라본류(flavones) 등의 다양한 폴리페놀(polypehnol) 성분들이 지닌 항산화 효과 및 자외선 조사에 의해 활성화된 유사분열 활성화 단백질 인산화 효소(mitogen-activated protein kinase, MAPK) 신호 전달 체계의 억제 효과가 가능 기전으로 확인되었다.

30대 여성을 대상으로 로즈마리자몽추출복합물을 3주간 단기 섭취케 한 시험과 50대 여성을 대상으로 2달간 장기 섭취케 한 시험 모두에서 홍반 개선 효능이 나타났다. 이는 로즈마리(17% 페놀류) 및 자몽추출물(0.20% 플라본류)에 함유된 고농도의 플라보노이드가 활성산소종을 제거하는 것이 가능 기전으로 확인되었다.

로즈마리추출물과 마리골드꽃추출물을 8:1로 혼합하여 제조한 로즈마리추출물등복합물 또한 20~50세의 남녀를 대상으로 13주간 섭취하게 한 결과, 홍반을 비롯하여 주름과 가려움증이 개선되었다. 이는 로즈마리추출물등복합물에 함유된 카로티노이드(carotenoid)의 일종인 카르노스산(carnosic acid)과 카르노솔(carnosol)의 항산화 효능에 의한 것으로, 광노화를 유도한 동물실험을 통해 가능 기전이 확인되었다.

국내에서 개발한 홍삼·사상자·산수유복합추출물 또한 40~55세의 여성을 대상으로 3g/일로 24주간 섭취케 한 결과, 1형 콜라겐 전구 단백질의 mRNA 및 단백질의 발현이 증가하고 주름이 개선되었다. 홍삼·사상자·산수유복합추출물을 섭취하면 소장에서 박테리아에 의해 화합물 K(compound K)를 비롯한 다양한 대사체가 생성되며 알비1 유형의 진세노사이드(ginsenoside Rb1), 토릴린(torilin) 및 로가닌(loganin)의 지표 물질과 함께 우리 몸에서 강력한 항산화 활성 및 에스트로겐과 유사한 활성을 나타내어 궁극적으로 피부 광노화를 개선하는 것으로 가능 기전이 확인되었다.

석류농축액, 석류농축분말, 수국잎열수추출물, 배초향추출물 및 들쭉열매추출분말은 노화가 진행되는 30세 이상의 남녀를 대상으로 한 인체적용시험에서 주름 개선, 탄력과 진피 치밀도 및 콜라겐 생성 증가를 수반하는 자외선 보호 효능이 있음이 확인되었다. 그뿐만 아니라 경표피 수분 손실량 감소, 히알루론산 함량 증가 등과 함께 보습을 증가시키는 것으로 보고되었다.

석류는 섭취 시 주성분인 엘라지탄닌(ellagitannins)이 소장에서 엘라그산(ellagic acid)으로 대사될 뿐 아니라 대장에서 우롤리틴 A-D 유형(urolithins A-D)으로 전환되어 흡수되는데, 이들은 우리 몸에서 항산화 및 항염증의 효능을 갖는다. 한편 석류에 함유된 푸닉산(punicic acid) 및 알파-엘레오스테아르산(α-eleostearic acid)은 여성 갱년기 증상을 개선하는 효능이 있음이 세포 연구에서 보고되었다.

수국잎열수추출물의 주요 성분인 하이드란게놀(hydrangenol)은 MMP-1의 발현을 억제하고, 피부의 1형 콜라겐 전구 단백질 및 히알루론산 함량을 증가시키며, 자외선에 의해 활성화된 MAPK 신호 전달 체계를 억제함이 세포 및 동물실험에서 파악되었다.

곽향 또는 방아로도 불리는 배초향은 로즈마린산(rosmarinic acid), 아카세틴(acacetin), 틸리아닌(tilianin) 등의 플라보노이드를 함유하고 있다. 이 성분들이 SOD를 비롯한 여러 항산화 효소의 발현을 증가시켜 자외선에 의한 활성산소종 생성을 억제할 뿐만 아니라 MMP의 발현을 억제하고 콜라겐과 히알루론산 생성을 증가시키는 것으로 동물 및 세포 실험에서 확인되었다.

블루베리의 일종인 들쭉열매추출분말은 안토시아닌 성분의 일종인 델피니딘-3-글루코사이드(delphinidin-3-glucoside)를 다량 함유하고 있다. 이 성분은 SOD를 비롯한 여러 항산화 효소의 발현을 증가시켜 자외선에 의해 활성화된 MAPK 신호 전달 체계를 억제하고, 염증성 사이토카인의 발현을 감소시킬 뿐만 아니라 콜라겐과 히알루론산 분해를 억제하는 것으로 동물실험에서 보고되었다.

참고문헌

Egoumenides I, Gauthier A, Barial S, et al, <A specific melon concentrate exhibits photoprotective effects from antioxidant activity in healthy adults>, 《Nutrients》, 2018, 10:437.

Grether-Beck S, Marini A, Jaenicke T, et al, <French maritime pine bark extract(Pycnogenol®) effects on human skin: clinical and molecular evidence>, 《Skin Pharmacol Physiol》, 2016, 29:13-17.

Cho S, Won CH, Lee DH, et al, <Red ginseng root extract mixed with *Torilus Fructus* and *Corni Fructus* improves facial wrinkles and increases type I procollagen synthesis in human skin: a randomized, double-blind, placebo-controlled study>, 《J Med Food》, 2009, 12:1252-1259.

Henning SM, Yang J, Lee RP, et al, <Pomegranate juice and extract consumption increases the resistance to UVB-induced erythema and changes the skin microbiome in healthy women: a randomized controlled trial>, 《Sci Rep》, 2019, 9:14528.

Kaban I, Kaban A, Tunca AF, et al, <Effect of pomegranate extract on vagina, skeleton, metabolic and endocrine profiles in an ovariectomized rat model>, 《J Obstet Gynaecol Res》, 2018, 44:1087-1091.

Choi SY, Hong JY, Ko EJ, et al, <Protective effects of fermented honeybush(*Cyclopia intermedia*) extract (HU-018) against skin aging: a randomized, double-blinded, placebo-controlled study>, 《J Cosmet Laser Ther》, 2018, 20:313-318.

Nobile V, Michelotti A, Cestone E, et al, <Skin photoprotective and antiageing effects of a combination of rosemary(*Rosmarinus officinalis*) and grapefruit(*Citrus paradisi*) polyphenols>, 《Food Nut Res》, 2016, 60:31871.

김상우, <피부 건강을 위한 국내 자생 천연 식품 원료: Agatri®(배초향 추출물)>, 《식품과학과 산업》, 2020, 53:382-389.

Myung DB, Lee JH, Han HS, et al, <Oral intake of *Hydrangea serrata(Thumb.) Ser.* leaves extract improves wrinkles, hydration, elasticity, texture, and roughness in human skin: a randomized, double-blind, placebo-controlled study>, 《Nutrients》, 2020, 12:1588.

Auh JH, Madhavan J, <Protective effect of a mixture of marigold and rosemary extracts on UV-induced photoaging in mice>, 《Biomed Pharmacother》, 2021, 135:111178.

Jo K, Bae GY, Cho K et al, <An anthocyanin-enriched extract from Vaccinium uliginosum improves signs of skin aging in UVB-induced photodamage>, 《Antioxidants》, 2020, 9:844.

유산균 함유 개별인정형
기능성 원료의
피부 기능성 연구 보고

　최근 콜라겐펩타이드뿐만 아니라 유산균 함유 기능성 원료에 대한 소비자의 관심이 커지고 있다. 41~59세의 여성을 대상으로 인체의 모유에서 채취하여 제조한 락토바실러스 플란타룸 HY7714 유산균을 1×10^{10} 집락형성단위(Colony Forming Unit, CFU: 균량의 숫자를 측정하는 단위)로 12주간 섭취케 한 결과, 경표피 수분 손실량이 감소하고 주름이 개선되었다. 유산균은 섭취 시 장과 피부의 균총뿐 아니라 우리 몸 속 다양한 면역 인자의 변화를 초래한다. 이를 통하여 궁극적으로 광노화로 인해 증가한 주름 및 표피 두께가 감소하고, 세라마이드의 함량 증가와 함께 보습이 증가함이 가능 기전으로 동물실험에서 확인되었다.

참고문헌

Lee DE, Huh CS, Ra J, et al, <Clinical evidence of effects of *Lactobacillus plantarum* HY7714 on skin aging: a randomized, double blind, placebo-controlled study>, 《J Microbiol Biotechnol》, 2015, 25:2160-2168.

그 외 개별인정형 기능성 원료들의 피부 기능성 연구 보고

식물성 세라마이드 함유 원료, 어류 유래 콜라겐펩타이드 함유 원료, 항산화 성분 함유 원료, 유산균을 이용한 기능성 원료 외에도 특정 기능성 성분을 함유한 원료들이 '자외선에 의한 피부 손상으로부터 피부 건강을 유지하는 데 도움을 줄 수 있음' 또는 '피부 보습에 도움을 줄 수 있음' 등 피부 건강 기능성 인가를 받았다. 지초추출분말, 민들레 등 추출복합물, 핑거루트추출분말, 핑거루트추출분말(판두라틴), 콩·보리 발효복합물, 갈락토올리고당 분말(네오고스-P70), 굴가수분해물 등이 이에 해당한다.

국내 식물 자원인 지초(Lithospermum erythrorhizon)는 예로부터 피부 종기나 화상, 습진 등을 치료하는 데 상용되었던 한약재이다. 아토피 피부염 환자를 대상으로 지초추출분말을 10주간 섭취케 한 결과, 아토피 피부염의 중증도가 개선되고 보습이 증가하였다. 인체 적용시험에서 사용된 지초추출분말은 다당류의 일종인 리소스퍼멈(lithospermum)을 지표 성분으로 하는데, 이 지초추출분말을 아토피 피부염 동물 모델에게 섭취하도록 한 결과, 세라마이드 생성 관련 효소의 발현 증가 및 분해 관련 효소의 억제와 병행하여 세마라이드 함량이 증가하였고 궁극적으로 보습이 증진된 것으로 가능 기전이 제시되었다.

국화과의 다년생 식물인 민들레(*Taraxacum platycarpum*)의 잎과 뿌리는 샐러드나 차의 식재료로 활용될 뿐만 아니라 유제품, 치즈 등의 향미제로도 이용되고 있다. 아토피 피부염 환자를 대상으로 민들레 등 추출복합물을 6주간 섭취하도록 한 결과, 아토피 피부염의 중증도 및 염증이 개선되고 보습이 증가하였다. 민들레는 단백질, 비오틴(biotin), 비타민 B군, 비타민 A, C, E, 콜린(choline) 등의 영양 성분뿐 아니라 디사세틸마트리카린(Desacetylmatricarin)의 기능 성분을 함유하고 있는데, 이들의 항산화, 항염 및 항알레르기 효능이 가능 기전으로 세포 연구에서 파악되었다.

중국과 동남아시아에서 약용 및 요리용 허브로 사용되고 있는 핑거루트(*Boesenbergia pandurata*)의 추출분말을 40~58세의 여성을 대상으로 12주간 섭취케 한 결과 보습 증진과 함께 주름이 개선되었다. 핑거루트추출분말의 주요 지표 물질인 판두라틴-에이(panduratin A)는 MMP-1 발현을 억제하고 1형 콜라겐의 발현을 증가시킬 뿐 아니라 내장지방형 비만을 억제함이 세포 및 동물실험에서 보고되었다.

25~60세의 남녀를 대상으로 3g/일의 콩·보리 발효복합물을 8주간 섭취하도록 한 결과, 보습 개선과 함께 광노화로 인해 증가한 표피 두께가 감소하였다. 이는 히알루론산 분해 효소의 mRNA 발현 억제 및 보습 관련 생체 지표인 필라그린과 표피 기저층의 수분 운송

관련 단백질인 아쿠아포린-3(aquaporin-3)의 발현 증가에 기인한 것으로, 진피의 섬유아세포 및 자외선을 조사한 표피의 각질세포 연구에서 확인되었다. 콩·보리 발효 시 다이드제인(daidzein), 제니스테인(genistein) 등의 이소플라본 및 베타글루칸(β-glucan)의 함량이 증가하는데, 이들은 히알루론산을 비롯하여 콜라겐의 함량을 증가시킨다는 것이 진피의 섬유아세포를 이용한 세포 연구에서 확인되었다.

우리 장 속에 존재하는 유익균의 먹이인 프리바이오틱스의 일종인 갈락토올리고당을 30~69세의 남녀를 대상으로 12주간 섭취케 한 결과 주름이 개선되었다. 갈락토올리고당은 자외선에 의해 활성화된 MAPK 신호 전달 체계를 억제하고 염증성 사이토카인의 함량을 감소시켜 MMP-1의 mRNA 발현을 감소시킨다는 것이 광노화를 유도한 동물실험에서 가능 기전으로 확인되었다.

35~60세의 여성을 대상으로 한 인체적용시험 및 자외선 조사로 광노화를 유도한 무모생쥐를 이용한 동물실험에서 우리나라 남해안의 양식 산업으로 생산되는 참굴(Crassostrea gigas)을 자숙, 발효 등의 과정을 거쳐 제조한 굴가수분해물을 섭취케 한 결과, MMP 발현 및 염증 관련 단백질의 활성화가 감소하고 주름 및 탄력이 개선되었다. 이는 굴가수분해물에 다량 함유된 타우린과 분자량 1,000~3,000돌턴(dalton, Da) 크기의 작은 펩타이드의 항산화 활성 및 자외선 조사에 의해 활성화된 MAPK 신호 전달 체계의 억제 효과가 가능 기전으로 확인되었다.

참고문헌

김영란, 조시영, 서대방 등, <자초 추출물 극성 성분의 피부 보습 증진 및 아토피 피부염 호전 효과>, 《한국 식품과학회지》, 2009, 41:547-551.

Cho HR, Cho Y, Kim J, et al, <The effect of gromwell(*Lithospermum erythrorhizon*) extract on the stratum corneum hydration and ceramides content in atopic dermatitis patients>, 《Ann Dermatol(Seoul)》, 2008, 20:55-66.

Kim J, Cho Y, <Gromwell(*Lithospermum erythrorhizon*) supplementation enhances epidermal levels of ceramides, glucosylceramides, β-glucocerabrosidase, and acidic sphingomyelinase in NC/Nga mice>, 《J Med Food》, 2013, 16:927-933.

김지현, 이혜인, 박주희 등, <아토피피부염 환자에서 민들레 추출물 함유제(AF-343)의 효과에 관한 연구>, 《천식 및 알레르기》, 2010, 30:36-42.

Kim DU, Chung HC, Kim C, et al, <Oral intake of *Boesenbergia pandurata* extract improves skin hydration, gloss, and wrinkling: a randomized, double-blind, and placebo-controlled study>, 《J Cosmet Derrmatol》, 2017, 16:512-519.

Lee S, Kim JE, Suk S, et al, <A fermented barley and soybean formula enhances skin hydration>, 《J Clin Biochem Nutr》, 2015, 57:156-163.

Suh MG, Bae Gy, Jo K, et al, <Photoprotective effect of dietary galacto-oligosaccharide(GOS) in hairless mice via regulation of the MAPK signaling pathway>, 《Molecules》, 2020, 25:1679.

Kim HA, park SH, lee SS et al, <Anti-wrinkle effects of enzymatic oyster hydrolysate and its fractions on human fibroblasts>, 《J Korean Soc Food Sci Nutr》, 2015, 44:1645-1652.

Han JH, Bang JS, Choi Y, et al, <Oral administration of oyster(*Crassostrea gigas*) hydrolysates protects against wrinkle formation by regulating the MAPK pathway in UVB-irradiated hairless mice>, 《Photochem Photobiol Sci》, 2019, 18:1436-1446.

15장.
면역과민반응에 의한
피부 상태 개선에 도움을 주는
고시형 및 개별인정형
건강기능식품의 이해

- 면역과민반응에 의한 피부 상태 개선에 도움을 주는 고시형 기능성 원료
- 면역과민반응에 의한 피부 상태 개선에 도움을 주는 개별인정형 기능성 원료
- 개별인정형 기능성 원료들의 면역과민반응에 의한 피부 상태 개선에 도움을 주는 기능성 연구 보고

면역과민반응에 의한
피부 상태 개선에 도움을 주는
고시형 기능성 원료

  면역과민반응에 의한 피부 상태 개선에 도움을 줄 수 있는 고시형 원료로는 감마리놀렌산 함유 유지 1종이 알려져 있다. 감마리놀렌산 함유 유지로는 7장에서 언급한 보라지유(지치유), 달맞이꽃 종자유를 비롯하여 블랙커런트 씨드 오일(Black currant seed oil) 등이 있다. 이들 유지에 함유된 감마리놀렌산(지표 성분)의 함량은 각기 다른데, 본 기능성을 위한 일일 섭취량은 감마리놀렌산으로서 160~300mg/일이다.

  감마리놀렌산의 '면역과민반응에 의한 피부 상태 개선에 도움을 줄 수 있음'의 기능성은 7장 및 11장에서 설명한 바와 같이 우리 몸의 다른 조직과 상이한 표피에서의 불포화지방산 대사, 즉 탈포화 효소의 부재와 장쇄 효소의 강한 활성에 의해 설명된다. 표피에서 감마리놀렌산은 디호모감마리놀렌산으로는 신속히 대사되는 반면 아라키돈산으로는 전환되지 않으며, 디호모감마리놀렌산의 대사체인 PGE1 및 15-HETrE는 염증 억제의 활성을 갖는다. 감마리놀렌산 함유 유지들의 '면역과민반응에 의한 피부 상태 개선에 도움을 줄 수 있음'의 기능성은 이 대사체들의 표피 염증 억제 활성으로 설명된다.

참고문헌

식품안전나라 https://www.foodsafetykorea.go.kr/portal/healthyfoodlife/functionalityView.do?viewNo=25

Chapkin RS, Ziboh VA, Marcelo CL, Voorhees JJ, <Metabolism of essential fatty acids by human epidermis enzyme preparations: evidence of chain elongation>, 《J Lipid Res》, 1996, 27:945-954.

면역과민반응에 의한
피부 상태 개선에 도움을 주는
개별인정형 기능성 원료

　　면역과민반응에 의한 피부 상태 개선에 도움을 줄 수 있는 개별인정형 원료로는 과채유래유산균인 락토바실러스 플란타룸 CJLP133(*Lactobacillus plantarum* CJLP133), 락토바실러스 사케이 프로바이오 65(*Lactobacillus sakei* Probio 65), 락토바실러스 람노서스 IDCC3201(*Lactobacillus rhamnosus* IDCC3201) 열처리배양건조물 등 3종이 알려져 있다. 이들은 모두 유산균의 일종으로, 본 기능성을 위한 일일 섭취량은 $1.0 \times 10^{10} \sim 10^{12}$ CFU/일이다. 이들 각 기능성 원료의 인가번호, 기능성, 일일 섭취량은 〈표 15-1〉과 같다. 본 기능성을 위한 유산균 소재들 역시 피부 건강을 위한 다른 고시형 및 개별인정형 원료들과 같이 여러 연구 결과에서 해당 기능을 위한 필요량으로 파악된 것이므로, 섭취 시 일일 섭취량을 준수하는 것이 중요하다.

개별인정형 기능성 원료명	인가번호	피부 기능성	일일 섭취량
과채유래유산균 락토바실러스 플란타륨 CJLP133	제2013-11호	면역과민반응에 의한 피부 상태 개선에 도움을 줄 수 있음	과채유래유산균 락토바실러스 플란타륨 CJLP133으로서 $1.0 \times 10^{10} \sim 10^{12}$CFU/일
락토바실러스 사케이 프로바이오 65	제2013-17호		락토바실러스 사케이 프로바이오 65로서 $1.0 \times 10^{10} \sim 10^{12}$CFU/일
락토바실러스 람노서스 IDCC3201 열처리배양건조물	제2018-12호		락토바실러스 람노서스 IDCC3201 열처리배양 건조물로서 400㎎/일 (열처리배양균체수로서 1.0×10^{10} cells)

표 15-1 면역과민반응에 의한 피부 상태 개선에 도움을 줄 수 있는 개별인정형 기능성 원료의 인가번호, 기능성, 일일 섭취량

개별인정형 기능성 원료들의 면역과민반응에 의한 피부 상태 개선에 도움을 주는 기능성 연구 보고

면역과민반응을 가진 피부 상태는 일시적으로 피부에 나타나는 알레르기 반응을 비롯하여 아토피 피부염, 건선염 등 피부의 만성적인 염증 상태를 포함한다. '면역과민반응에 의한 피부 상태 개선에 도움을 줄 수 있음'의 기능성에 대한 개별인정형 기능성 원료들의 연구 보고들은 주로 아토피 피부염이 유발된 동물 모델이나 아토피 피부염 환자를 대상으로 이루어졌다.

아토피 피부염은 유전적, 환경적 및 면역학적 요인들과 관련이 있는데, 면역학적 관점에서는 보조 T세포 1형(T helper cell type 1, Th1)과 보조 T세포 2형(T helper cell type 2, Th2) 면역의 불균형, 구체적으로는 Th1 면역 약화 및 Th2 면역 항진으로 설명된다. Th1 면역 세포들은 인터페론-감마(interferon-γ, IFNγ), 인터류킨-12(interleukin-12, IL-12) 등 알레르기를 억제하는 사이토카인을 분비한다. 반면, Th2 면역 세포들에서 분비되는 IL-4, IL-5, IL-13, IL-31 등의 사이토카인은 B 세포들을 활성화시켜 IgE 등의 항체 생성이 증가하고, 이는 비만세포 및 호산구(eosinophil)에서의 알레르기 유발 물질 분비로 이어진다. 아토피 피부염에서는 알레르기를 억제하는 Th1 유형의 사이토카인들이 감소하고, 알레르기를 유발하고 IgE 항체 생성을 증가시키는 Th2 유형의 사이토카인들은 증가하는 것으로 파악된다.

김치에서 분리, 동정된 유산균인 락토바실러스 플란타륨 CJLP133을 아토피 피부염을 보유한 1~12세의 영유아 및 어린이들에게 12주간 섭취시킨 결과, 아토피 피부염 관련 혈액 지표인 호산구를 비롯하여 Th2 유형의 사이토카인인 IL-4 및 IgE의 함량이 감소하고 아토피 피부염의 중증도가 개선되었다. 락토바실러스 플란타륨 CJLP133은 대식세포(macrophage)를 이용한 인비트로(in vitro, 생체 외) 연구에서 타 김치 유산균에 비해 Th1/Th2의 면역 불균형 개선 효과가 가장 뛰어난 것으로 나타났다. 또한 섭취 시 IL-4 및 IL-5의 감소, 인터페론-감마의 증가, 염증 부위의 호산구 및 비만세포의 유입 감소와 함께 아토피 피부염을 개선하는 효능이 있음이 아토피 피부염 유발 동물 모델을 이용한 연구에서 재확인되었다.

락토바실러스 사케이 프로바이오 65 또한 김치에서 분리, 동정된 유산균으로, 1.0×10^{10} CFU/일 용량으로 경중등도의 아토피 피부염을 보유한 3~9세의 유아 및 10~18세의 청소년을 대상으로 12주간 섭취시킨 결과, 가려움, 발진, 피부 각질 등의 아토피 피부염 증상이 개선되었다. 이와 같은 효능은 아토피 피부염을 보유한 개를 대상으로 한 연구에서도 보고되었다. 6주령의 아토피 피부염이 유발된 동물 모델에게 2주간 락토바실러스 사케이 프로바이오 65를 섭취시킨 결과, 혈액 내의 피부 T-세포 유도 케모카인(cutaneous T-cell attracting chemokine, CTACK)을 비롯하여 IL-4 및 IgE의 수준이 감소하며 아토피 피부염이 개선되었음이 보고되었다.

모유를 섭취하는 한국인 유아의 분변에서 분리한 후 열처리를 통해 사균화시킨 락토바실러스 람노서스 IDCC3201 열처리배양건조물을 1.0×10^{10}CFU/일 용량으로 아토피 피부염을 보유한 1~12세의 영유아 및 어린이들에게 12주간 섭취시킨 결과, 아토피 피부염 중증도가 유의적으로 개선되었으며, 특히 50개월 이상 아토피 피부염을 보유한 대상자에게서 그 개선 효과가 더욱 크게 나타났다. 이 개선 효과는 혈액 내 호산구 및 활성화된 호산구에서 분비되는 호산구 양이온 단백(eosinophil cationic protein, ECP)을 비롯하여 IL-31의 감소를 동반하였다. 또한 락토바실러스 람노서스 IDCC3201 열처리배양건조물의 섭취는 Th2 유형의 사이토카인인 IL-4의 분비를 감소시키는 반면, 인터페론-감마와 IL-12를 포함하는 Th1 유형의 사이토카인을 증가시키고, 가려움 개선 및 혈액의 IgE 수준 감소 등 관련 임상적 증상을 호전시킨다는 것이 아토피 피부염이 유발된 동물 모델을 이용한 연구에서 확인되었다.

즉, '면역과민반응에 의한 피부 상태 개선에 도움을 줄 수 있음'으로 기능성 인가를 받은 이상의 3가지 유산균 모두 항진된 Th2 면역의 억제와 함께 아토피 피부염을 개선한다는 것이 인체적용시험을 비롯하여 동물실험 및 세포를 이용한 연구들에서 보고되었다.

참고문헌

Han Y, Kim B, Ban J, et al, <A randomized trial of *Lactobacillus plantarum* CJLP133 for the treatment of atopic dermatitis>, 《Pediatr Allergy Immunol》, 2012, 23:667-673.

Won TJ, Kim B, Song DS, et al, <Modulation of Th1/Th2 balance by *Lactobacillus* strains isolated from kimchi via stimulation of macrophage cell line J774A.1 *in vitro*>, 《J Food Sci》, 2011, 76:H55-H61.

Won TJ, Kim B, Lim YT, et al, <Oral administration of *Lactobacillus* strains from Kimchi inhibits atopic dermatitis in NC/Nga mice>, 《J Appl Microbiol》, 2011, 110:1195-1202.

Rather IA, Kim BC, Lew LC, et al, <Oral administration of live and dead cells of *Lactobacillus sakei* proBio65 alleviated atopic dermatitis in children and adolescents: a randomized, double-blind, and placebo-controlled study>, 《Probiotics & Antimicro Prot》, 2021, 13:315-326.

Kim H, Rather IA, Kim H, et al, <A double-blind, placebo controlled-trial of a probiotic strain *Lactobacillus sakei* Probio-65 for the prevention of canine atopic dermatitis>, 《J Microbiol Biotechnol》, 2015, 25:1966-1969.

Kim JY, Park BK, Park YH, et al, <Atopic dermatitis-mitigating effects of new *Lactobacillus* strain, *Lactobacillus sakei* probio65 isolated from kimchi>, 《J Appl Microbiol》, 2013, 115:517-526.

Jeong K, Kim M, Jeon SA, et al, <A randomized trial of *Lactobacillus rhamnosus* IDCC 3201 tyndalizate(RHT3201) for treating atopic dermatitis>, 《Pediatr Allergy Immunol》, 2020, 31:783-792.

이승훈, 강재훈, 강대중, <한국인 모유영양아의 분변에서 분리한 *Lactobacillus rhamnosus* IDCC 3201의 항알레르기 효과>, 《미생물학회지》, 2016, 52:18-24.

Lee SH, Yoon JM, Kim YH, et al, <Therapeutic effect of tyndalized *Lactobacillus rhamnosus* IDCC 3201 on atopic dermatitis mediated by down-regulation of immunolglobulin E in NC/Nga mice>, 《Microbiol Immunol》, 2016, 60:468-476.

피부 건강과 스마트 식생활

초 판 1쇄 인쇄·2023. 1. 10.
초 판 1쇄 발행·2023. 1. 20.

지은이   조윤희, 김건표
발행인   이상용
발행처   청아출판사
출판등록   1979. 11. 13. 제9-84호
주소   경기도 파주시 회동길 363-15
대표전화   031-955-6031   팩스 031-955-6036
전자우편   chungabook@naver.com

ⓒ 조윤희, 김건표, 2023
ISBN 978-89-368-1223-2 93590

본 출판은 (재)오뚜기함태호재단의 출판지원사업에 의해 지원받았다.